THOMAS PESQUET

UNE ODYSSÉE FRANÇAISE

DENIS GRANJOU

City
Biographie

Photo de couverture : © Rolf Vennenbernd/picture alliance via Getty Images

ISBN : 978-2-8246-1942-2
Code Hachette : 82 3338 8
Catalogues et manuscrits : city-editions.com

Dépôt légal : Octobre 2021

Sommaire

Si tu aimes une fleur
qui se trouve dans une étoile,
c'est doux la nuit de regarder le ciel.

ANTOINE DE SAINT-EXUPÉRY, *LE PETITE PRINCE*

Introduction

« Pour pouvoir aller dans l'espace, il faut savoir rester terre à terre ! ». Cette phrase prononcée par Thomas Pesquet au détour d'une interview résume à elle seule la façon d'être et de penser de l'astronaute français. Simple, abordable, naturel, il peut en une fraction de seconde s'adresser à un collège d'experts scientifiques, à une classe d'école élémentaire, à Kylian Mbappé la star du football ou encore à Chris Martin, le chanteur de Coldplay avec le même enthousiasme et la même sincérité. Chez lui, pas de posture. Rester soi-même quelle que soit la situation, quel que soit son interlocuteur avec toujours dans un coin de sa tête la passion du partage.

Depuis le premier instant où son aventure a commencé lors de sa sélection en 2009, il n'a cessé de communiquer chacun de ses faits et gestes. Chez lui, pas de narcissisme exacerbé mais le besoin d'associer le plus grand nombre à une aventure incroyable. Il a souvent justifié cette façon de voir son métier d'astronaute par son apprentissage dans l'école publique et le dévouement de ses professeurs pour transmettre le savoir et la culture : « Je dois rendre un peu de ce que j'ai pris en me disant que moi aussi lorsque j'étais enfant j'aurais tellement aimé qu'un astronaute me regarde et me dise : oui c'est possible ! »

« Jamais avant lui, un astronaute n'avait autant touché le cœur de l'humanité » résume avec une certaine emphase Frédéric Pradeilles, directeur du Centre national d'études spatiales à Toulouse. Même Neil Armstrong, le premier homme de l'humanité à avoir marché sur la Lune en 1969 ne peut prétendre à entraîner derrière lui autant de passionnés de l'espace que Thomas Pesquet. Bien sûr à l'époque de l'astronaute américain, les réseaux sociaux n'étaient encore qu'un lointain concept de science-fiction, et la diffusion de photos en live durant une mission spatiale était une démarche totalement inconcevable pour les équipages même pour les esprits les plus brillants de la NASA. Thomas Pesquet a parfaitement compris que la communication pouvait être aussi puissante pour prendre son envol qu'un gigantesque moteur de fusée.

Pourtant, qui aurait pu imaginer que l'enfant de Normandie vivrait un tel parcours hors du commun ? Pour décrocher les étoiles, il a franchi tous les obstacles les uns après les autres sans la moindre anicroche, comme si pour lui tout était facile.

Bien avant de connaître les sensations uniques de l'apesanteur ou de sortir dans l'espace dans son scaphandre blanc à 400 kilomètres au-dessus de la Terre, c'est un peu comme s'il avait flotté dans la vie, gardant son cap et sa trajectoire, le regard fixé vers son rêve : devenir un jour astronaute.

1

Voyages intergalactiques d'un petit garçon dans une salle à manger

Thomas Pesquet est né le 27 février 1978 à Rouen. Son papa, Benoît, enseigne les mathématiques dans le collège de la petite commune d'Auffay à 45 kilomètres de la cité normande. Sa maman, Chantal, est institutrice à l'école primaire du village qui s'appelle désormais Val-de-Scie. C'est là, au cœur du Pays de Caux, que le petit Thomas, son grand frère Baptiste et leurs parents habitent une grande maison au toit d'ardoise.

Chaque jour, le petit Thomas, son cartable sur le dos, marche quelques minutes pour aller à l'école dans la rue Jules Ferry. Il passe insouciant devant les jolies maisons traditionnelles aux murs de briques et de torchis. Ensuite c'est la mairie puis le jardin public.

En regardant vers la pointe du clocher de la Collégiale qui culmine à 77 mètres d'altitude, il ne se doute pas un seul instant que quelques dizaines d'années plus tard, il verra le village à travers le hublot d'une station. Il ne peut pas imaginer qu'une fois adulte, il reviendra ici même pour couper le ruban bleu blanc rouge du désormais « jardin public Thomas Pesquet ».

Non, en ce milieu des années 1980, le petit Thomas va simplement à l'école et il sait qu'après avoir passé sa journée devant le tableau dans la salle de classe, il pourra enfin, juste après le goûter, prendre place dans la jolie fusée fabriquée par son père. Une vraie navette spatiale constituée de cartons de différentes tailles pour la carlingue et le cockpit. Rien n'est laissé au hasard, avec des coussins sur le poste de pilotage où sont dessinés soigneusement des boutons multicolores à faire pâlir d'envie les directeurs de vols spatiaux de la NASA. C'est dans cette navette de fortune et non homologuée, en dépit de l'importantissime label « made by Dad » (créée par Papa) qu'il va vivre mille aventures et découvrir des contrées à des années-lumière de la Terre. Il emmène avec lui ses peluches dans son équipage d'explorateurs sans se douter là encore que bien des années plus tard ce sera une autre peluche, simplement reliée à un fil, qui en se mettant à flotter tout d'un coup dans l'espace exigu d'une cabine Soyouz donnera le signal aux astronautes, assis en position fœtale dans des fauteuils, qu'ils sont désormais en apesanteur. Une tradition des cosmonautes russes qui remonte aux temps héroïques de la conquête de l'espace dans les années 1950 en ex-Union Soviétique et que Thomas, devenu grand, fait perdurer lors de ses départs en fusée comme tous les astronautes qui font preuve de beaucoup d'imagination pour trouver La Peluche qui n'est jamais partie dans l'espace.

Étrange et singulier tout de même de pouvoir glisser cette expression à la fin d'un repas entre amis : « Bon demain je pars en fusée vers l'espace ! ». Pourtant, Thomas Pesquet est un des rares hommes et femmes sur la planète à pouvoir la prononcer lorsqu'il quitte pour de vrai l'amour de sa vie, sa famille et ses amis. N'oublions pas qu'il a décollé à deux reprises. La toute première fois, c'était donc dans un vaisseau russe qui malgré des améliorations technologiques importantes était un descendant direct des capsules conçues par les ingénieurs « camarades » de l'Union Soviétique.

D'ailleurs, même si l'Union Soviétique n'existe plus, le mot Soyouz, lui, a résisté au changement. Dans la langue russe il signifie « union ».

Le véritable concepteur de cette capsule aujourd'hui mythique s'appelle Sergueï Korolev. Pour beaucoup de spécialistes de l'histoire spatiale, il est maître d'œuvre du programme spatial soviétique qu'il enclenche à la fin de la Seconde Guerre mondiale. Ce brillant ingénieur aéronautique ukrainien supervise le premier vol d'une fusée R1 le 10 octobre 1948 puis il invente la fusée qui place le tout premier satellite en orbite en 1957. Après le programme Spoutnik (compagnon de route), il initie celui du *Soyouz* et il travaille sans relâche sur différents projets de conquête spatiale jusqu'à sa mort en 1966. Un an après son décès, le premier lancement d'une capsule Soyouz le 21 avril 1967, se solde par une catastrophe. La première dans la conquête spatiale. Le cosmonaute Vladimir Komarov reste prisonnier de son vaisseau pendant la descente vers la Terre après un vol orbital. Les deux parachutes ne s'ouvrent pas et *Soyouz 1* s'écrase au sol.

En tous les cas, à 6 ans, Thomas n'en est pas encore à ces considérations géopolitiques lorsqu'il coupe le contact de sa fusée pour aller manger dans la cuisine. Il ne peut pas non plus imaginer en saisissant sa fourchette que bien des années plus tard il passera des heures et des heures à apprendre la langue russe, son alphabet de 33 lettres et ses nombreuses sonorités aussi éloignées de l'accent normand que la Terre de la planète Mars.

Chaque soir, ses parents lisent des bandes dessinées à leurs deux garçons. Parmi les préférées de Thomas, un certain « Objectif Lune » d'Hergé avec la magnifique fusée rouge et blanche à damier en couverture. Longtemps après, il s'est souvenu quasiment éprouver la même admiration devant la fusée *Soyouz* sur son pas de tir lorsqu'il l'a vue pour la toute première fois en arrivant dans le cosmodrome de Baïkonour.

Avec leurs parents, le marché était simple et clair. « Vous travaillez bien à l'école et nos règles de vie sont relax ». Un message entendu 5/5 par Thomas et son grand frère qui gardent de ces années d'enfance du primaire au collège des souvenirs heureux.

En 1991, il décroche le titre de champion de Seine-Maritime de Judo. Ce sport ne va cesser de l'accompagner dans sa vie tout comme sa ceinture noire qui fera partie de chacun de ses voyages spatiaux. Bien après ce titre conquis l'année de ses 13 ans, Thomas a pu se mesurer le temps d'un combat amical avec Teddy Riner, légende française du judo mondial. Pour l'occasion, le quotidien *L'Équipe* a réuni les deux hommes en leur demandant d'échanger leurs « tenues de travail », le temps d'une photo en novembre 2016. Une combinaison bleue d'astronaute pour Riner et un kimono blanc de judoka pour Pesquet. Un combat pour « de faux », mais une vraie complicité entre les deux hommes.

Thomas Pesquet est un véritable passionné de ce sport martial au point que juste après son premier séjour dans l'espace, il participe à une rencontre organisée par le cercle des ceintures noires de la Fédération française de judo.

Seul sur scène, face à plusieurs centaines de judokas et judokates, il raconte son séjour spatial.

— J'étais la seule ceinture noire à bord alors attention hein ! lance-t-il comme une boutade au public qui éclate de rire.

Il précise ensuite que même si son collègue et ami russe Oleg Novitski n'a peut-être jamais fait de judo, « il ne s'y frotterait pas ! ».

Entre 1994 et 1996 juste après avoir terminé ses quatre années au collège, Thomas rejoint le lycée

Jehan Ango de Dieppe d'abord pour sa seconde puis une première et une terminale scientifique. Un « Bac S » comme on disait à l'époque. Autant le préciser tout de suite, il décroche sans trop de problème son diplôme avec une mention bien.

De cette époque il se souvient aussi d'une honorable dix-neuvième place lors du cross du lycée avec toutefois « une horrible coupe de cheveux trop ringarde ! », lors de son retour triomphal dans le lycée normand le 12 octobre 2017.

C'est par ces mots teintés d'humour qu'il commente les photos que lui tendent des élèves qui ont retrouvé des archives compromettantes sur les années lycée de l'astronaute.

Il évoque aussi, avec sérieux cette fois, ce professeur de maths, dont il garde encore en tête la formule que ce dernier aimait à répéter durant ses cours de terminale :

— L'important ce n'est pas le résultat, mais le raisonnement qui y mène.

La musique est également un élément important dans la vie de Thomas Pesquet. Elle l'accompagne toujours et il a très vite eu envie d'apprendre à jouer d'un instrument.

Ainsi après l'école, Thomas passe de longues heures à apprendre le solfège pour pouvoir jouer de son instrument favori : le saxophone alto.

Il fait ses gammes dans les salles du conservatoire à rayonnement départemental Caux, Vallée de la Seine en Normandie. Il suit des cours durant 8 ans et l'on comprend pourquoi aujourd'hui il maîtrise aussi bien cet instrument y compris en flottant dans l'espace.

Lors de son retour dans sa Normandie natale en octobre 2017, il a retrouvé son ancien professeur de saxo et ensemble ils ont interprété l'air de joyeux anniversaire à Oleg Novitski qui était également du voyage. Le cosmonaute russe fêtait ce jour-là, en France, ses 46 ans.

Pour compléter le tableau des activités extrascolaires du jeune Thomas Pesquet, il faut enfin ajouter à une longue liste, la natation. Il a passé des heures et des heures dans les couloirs de nage des piscines municipales et aussi participé à des matchs endiablés de basket. « LE » sport qu'il affectionne encore aujourd'hui tout particulièrement :

— Je suis devenu astronaute par dépit car moi je rêvais de devenir un basketteur professionnel, confesse-t-il.

— Je ne rêvais pas d'être normand mais plutôt américain. Noir américain. Je voulais mesurer au moins deux mètres et être une star de la NBA : En fait je rêvais vraiment de m'appeler Michael Jordan ! assène-t-il dans un éclat de rire.

Il se souvient des longues soirées où il rejoignait l'un de ses amis de classe ayant le décodeur de Canal+ qui était à l'époque le seul moyen pour pouvoir regarder un match de basket à la télévision. Plus tard, avec ses collègues astronautes américains, il a aussi souvent vibré devant des matchs des Chicago Bulls ou des Lakers, tout en gardant un œil attentif sur le basket français. Lorsqu'il avait douze ou treize ans, il a d'ailleurs croisé sur un parquet lors d'un match, un joueur qui allait devenir une légende tricolore avec son numéro 9 sur le maillot : Tony Parker.

Avec du recul, Thomas Pesquet estime que toutes ces activités de jeunesse ont largement contribué à ce qu'il est devenu. Il a une formule qui en dit long sur leur importance dans sa vie professionnelle :

— J'ai largement rempli avec toutes mes passions ce que l'on appelle « le bas du CV ». Toutes ces indications qui sont autant d'indices sur votre personnalité.

Une formule qu'il n'hésite pas à répéter chaque fois qu'il rencontre des jeunes dans les établissements scolaires :

— Les connaissances académiques ne sont pas les seules que l'on doit acquérir, il faut aussi s'engager dans des associations et des clubs sportifs. C'est ainsi que l'on peut développer un véritable esprit d'équipe et avoir confiance en soi. Alors tentez vos expériences, dites-vous que tout est possible !

Fort de cette philosophie qu'il se forge au fil des années en grandissant, Thomas souffle une à une les bougies de ses anniversaires jusqu'à ses 18 ans. Un premier cap. L'année 1996 pointe le bout de son nez dans la campagne normande.

Dans la maison de la famille Pesquet, la petite navette en carton a laissé place depuis bien longtemps à des grands posters de l'espace sur les murs de la chambre de Thomas.

Les affiches de films de science-fiction cohabitent avec les posters de stars du basket au-dessus de son lit.

Pour autant, le jeune Thomas est encore loin d'imaginer qu'il s'est mis en route vers son destin d'astronaute. Juste après son bac scientifique, entre 1996 et 1997 il s'inscrit dans une classe préparatoire maths sup maths spé dans le lycée Pierre Corneille de Rouen. Deux années scolaires difficiles pour lui, tant le rythme de travail est important.

Ses professeurs se souviennent d'un élève qui n'avait quasiment aucune faiblesse :

— Ce qui est impressionnant c'est l'équi-répartition de ses qualités. Il était simultanément bon en maths, bon en physique, bon en lettres, bon en musique et bon en sport. Il faut ajouter qu'il était très serein, se souvient Olivier Decultot, son professeur de mathématiques.

Thomas prend conscience durant ces deux années passées à Rouen des ses possibilités et de son aptitude au travail intensif :

— Je n'étais pas le meilleur de la classe mais j'étais sans doute celui qui travaillait le plus !

Après ce cursus scolaire couronné de succès, son objectif reste inchangé : piloter. Depuis qu'il a vu *Top Gun* au cinéma avec Tom Cruise lorsqu'il était plus jeune, c'est presque une évidence pour lui, maisun détail le chiffonne tout de même... Il n'a pas du tout envie, à l'époque, de s'engager dans l'armée. Pourtant, en 2018, il va marcher dans les pas de Maverick, surnom du héros du film et pilote surdoué interprété par Tom Cruise en prenant le manche d'un avion Rafale à l'occasion du 14 juillet :

— J'ai déjà survolé Paris de très haut, il me restait à le faire de très bas, se réjouit-il dans le magazine

Paris Match en posant en combinaison kaki de pilote de chasse sur la base aérienne de Mont-de-Marsan dans les Landes.

C'est d'ailleurs sur cette base que, quelques mois auparavant, il a remis les diplômes du Brevet d'Initiation à l'Aéronautique (BIA) à une vingtaine de collégiens et de lycéens. Thomas est le parrain de la cinquantième promotion du BIA et prend ce rôle au sérieux :

— J'espère que ça va les pousser à donner le meilleur d'eux-mêmes et à ne surtout pas se censurer. Le plus grave à leur âge c'est de se dire non je ne pourrais jamais y arriver… ce n'est pas pour moi... Si le fait que je sois leur parrain participe à créer des vocations, j'aurai réussi ma mission, explique-t-il lors de sa venue dans les Landes.

Mais avant son voyage dans les Landes en 2018, retour dans le passé. Cap sur « l'après Prépa » en cet été 1997. Il prend la grande décision de quitter pour la première fois sa Normandie natale et de mettre le cap au Sud. Direction Toulouse. Il va vivre ce qu'il appelle encore aujourd'hui « les plus belles années de sa vie » au sein de l'école d'ingénieur aéronautique SupAéro, la plus prestigieuse école de cette spécialité dans le monde.

2

Les années toulousaines

Thomas a 20 ans et une énorme envie de croquer la vie à pleines dents. Jeune étudiant ingénieur, c'est à Toulouse qu'il fait ses premiers pas dans la plongée, le parachutisme, le pilotage et qu'il découvre « Le » sport local : le rugby ! C'est aussi dans la ville rose qu'il va tisser des amitiés solides et se constituer un cercle d'amis proches dont beaucoup l'ont accompagné au propre comme au figuré dans son aventure spatiale au fil des années. Certains de ses amis sont venus à Baïkonour en 2016 pour son premier départ dans l'espace, puis en avril 2021 pour son deuxième voyage vers les étoiles au départ de la Floride. Mais à Toulouse en cette année 1998, bien avant de le faire dans l'espace où c'est une règle de base, il s'acclimate aux us et coutumes locales. Impossible d'abord pour lui de ne pas tester le rugby, sport roi à Toulouse, d'autant que son physique lui permet aisément de pouvoir courir le ballon ovale sous les bras et transpercer les lignes de défense adverses. Il passe ainsi de nombreux dimanches crampons aux pieds avec l'équipe de l'école et son célèbre maillot bleu et blanc. Il garde de cette époque un attachement profond à ce sport d'équipe qui va beaucoup lui apporter et une affection particulière pour l'équipe du Stade toulousain dont il est, aujourd'hui encore, un des supporters les plus fervents.

Durant ses études, il assiste à de nombreux matchs dans les tribunes du stade Ernest-Wallon, véritable temple de l'ovalie en France. Une fois spationaute, il a d'ailleurs participé à l'élaboration du graphisme d'un maillot officiel du club. Le logo est composé d'étoiles qui représentent les victoires en Coupe d'Europe et d'un X pour illustrer que Thomas est le dixième français à s'envoler vers l'espace. Il a d'ailleurs régulièrement revêtu ce maillot en apesanteur pour vivre en direct les matchs de son équipe favorite depuis l'ISS. De leur côté, les joueurs toulousains ont porté ce maillot lors de rencontres en Coupe d'Europe.

Il a même emmené avec lui un ballon de rugby et lorsque le Stade toulousain a décroché le titre de champion de France le 25 mai 2021, adressant depuis la station spatiale quelques mots de félicitation tout en s'excusant de ne pas avoir pu regarder le match car au même moment il était dans son scaphandre en sortie extra-véhiculaire. Son tweet illustre son sens de l'humour et son attachement à ses racines toulousaines :

— Vraiment là c'était impossible pour moi de vous regarder, mais l'important c'est de vous savoir vainqueurs !

Quant au football, même s'il reconnaît qu'il n'a jamais été son sport favori, il reste tout de même un fervent supporter des bleus. Il a réussi à suivre certains matchs de l'équipe de France lors de l'Euro, quasiment dans les mêmes conditions que s'il était sur Terre avec simplement 3 ou 4 minutes de décalage :
— Même s'il y a un vrai décalage avec le direct sur Terre, aucun risque ici d'être *spoilé* en cas de but marqué par les cris des voisins ! plaisante-t-il en se prenant en photo, flottant devant le grand écran de la station spatiale lors de la rencontre France Portugal.

Il faut noter que pour pouvoir regarder un match dans l'espace, il faut d'abord en faire la demande au « Crew Support », c'est-à-dire la personne qui a en charge le bien-être des spationautes. Le Crew Support contacte alors le diffuseur du match pour obtenir une autorisation. Ensuite une adresse IP spécialement créée pour l'événement est associée à un ordinateur qui se trouve dans une salle du Johnson Space Center à Houston. En clair c'est un ingénieur de la NASA qui, en cliquant sur un bouton, permet à Thomas de vivre le match en apesanteur même si, hélas, lors de cette édition 2021 le parcours des Bleus s'est arrêté prématurément.

De toute façon, son emploi du temps journalier ne lui laisse que peu de temps pour regarder la télévision. Amoureux du cinéma, il a tout de même eu le privilège de découvrir en avant-première le film *Kaamelott* d'Alexandre Astier depuis la station spatiale avant sa sortie sur Terre le 21 juillet 2021. Thomas Pesquet est un grand fan de la série qui a précédé le film et l'idée qu'il puisse le voir à 400 kilomètres de la terre est née d'une pétition lancée sur Internet qui a convaincu le réalisateur de contacter la NASA pour demander le feu vert de la diffusion dans la station !

Plus de 12 000 internautes ont demandé à l'agence américaine d'autoriser l'astronaute français à découvrir en exclusivité mondiale ce long métrage. Après visionnage, la NASA a donné son accord et au mois de juillet 2021, Thomas a eu le bonheur de se délecter des aventures de ses héros favoris !

L'occasion pour lui de dialoguer par réseaux sociaux interposés avec le réalisateur du film Alexandre Astier en paraphrasant certaines répliques cultes du film.

— La Patience est un plat qui finit toujours par payer, déclare Thomas Pesquet. *Kaamelott* premier volet a fait le voyage jusqu'à l'ISS. Maintenant il ne me reste plus qu'à prendre quelques photos du Royaume de Logres. (Logres est le royaume de Bretagne où règne le Roi Arthur interprété par Alexandre Astier).

La réponse du réalisateur est immédiate !

— C'est un honneur, commandant. Si elles ont loupé la plaque Pioneer et le Golden Record, les intelligences extraterrestres capteront peut-être que la patience est un plat qui se prépare à l'avance. Ça les tiendra occupées un moment...

Alexandre Astier fait allusion, en évoquant la plaque de Pioneer, à une plaque en métal comportant des dessins gravés qui a été envoyée dans une sonde par la NASA dans l'espoir d'être récupérée un jour par des extraterrestres en 1972. Quant au Golden Record, c'est un disque embarqué lui aussi à bord d'une sonde envoyée dans l'espace en 1977. Il contient des images et des sons qui résument la vie sur Terre.

Mais bien avant de rire devant les exploits d'Arthur et de ses chevaliers de la Table ronde, Thomas a donc vraiment pris son envol pour l'espace en rejoignant l'école SupAéro de Toulouse en 1998. C'est durant cette période de sa vie qu'il va commencer à voyager, d'abord au Mexique puis au Canada pour des stages de longue durée. Il s'engage en parallèle dans des actions sociales et donne notamment des cours à de jeunes collégiens et lycéens en difficulté scolaire. Aujourd'hui, il est un des parrains de l'école SupAéro et continue d'apporter son soutien à ceux qui en font la demande. Il leur répète inlassablement sa devise : « Rien n'est impossible ».

Lors de son premier séjour dans l'espace, il raconte combien il a été touché par une longue discussion avec un groupe d'écoliers de Guyane :

— Ils avaient fait une demi-journée de pirogue avec leurs enseignants pour se retrouver dans une petite cuisine assis autour d'un téléphone en mode haut-parleur. Ils m'ont posé plein de questions et c'était une situation totalement surréaliste. En même temps, par ce moment partagé avec eux, on a prouvé que même si on habite dans un endroit perdu au bout du monde, on peut grâce à l'école vivre des moments comme celui-ci. Je ne sais pas ce qu'ils deviendront mais j'espère que cela les aura inspirés pour leur vie future.

3

Premiers boulots

En 2001, Thomas quitte l'école SupAéro avec son diplôme d'ingénieur aéronautique et une spécialisation en conception et contrôle des satellites qu'il décroche après une année passée au sein de l'école polytechnique de Montréal dans le cadre d'un programme d'échange d'étudiants. Il reviendra dans sa combinaison spatiale quelques années plus tard à une dizaine de kilomètres de la capitale du Québec sur la rive sud du fleuve Saint-Laurent dans la ville de Longueuil. C'est là que se trouve le Centre John H Chapman, centre opérationnel de l'Agence spatiale canadienne où Thomas viendra s'entraîner au pilotage du bras robotique *Canadarm*.

Après la Belle Province, changement radical de décor et de température ! Le bleu de la Méditerranée succède au blanc immaculé des champs de neige canadiens.

Il emménage à Cannes, où il choisit d'effectuer son stage d'ingénieur entre avril et septembre 2001 chez Thales Alenia Space, dans le quartier de La Bocca, tout près de la plage. Il continue son exploration de la technologie des satellites en présentant un mémoire sur « l'ingénierie système en avant-projet satellite » qu'il soutient le 31 août 2001. Même s'il n'est resté que quelques mois, son passage est toujours dans les mémoires de ceux qui l'ont croisé, et notamment son ancien tuteur. François Paoli évoque un « stagiaire parfait ». Là encore, Thomas Pesquet n'imaginait sans doute pas une seule seconde que 16 ans plus tard, il reviendrait à Cannes, mais cette fois accueilli triomphalement dans le prestigieux Palais des festivals. En effet, en novembre 2017, quatre mois après son premier séjour dans l'espace, il est applaudi par 900 salariés de Thales à qui il va raconter son expérience spatiale en débutant par cette formule « Si je suis là, c'est parce que je suis un peu à la maison ! »

Après son passage à Cannes, Thomas déménage à Madrid où il intègre la société GMV SA en tant qu'ingénieur en dynamique des satellites pour des missions de télédétection. Il reste presque un an dans la capitale espagnole avant de revenir à Toulouse. Cette fois, il intègre le CNES (Centre national d'études spatiales). Ingénieur de recherche sur l'autonomie des missions spatiales, il travaille également sur les moyens d'harmoniser les différentes technologies spatiales en Europe. Il œuvre aussi à améliorer les collaborations entre les différentes agences spatiales dans le monde.

En parallèle de cette vie professionnelle intense, il continue de vivre sa passion du pilotage et il est sélectionné pour suivre la formation du programme « cadet pilotes d'Air France » en 2004. Après une formation théorique de 6 mois dans le magnifique château de La Motte-aux-Bois, siège de l'institut aéronautique Amaury de la Grange dans le département du Nord, Thomas rejoint ensuite l'école de pilotage de Merville pour 14 mois de pratique.

L'un de ses instructeurs, Eric Folliot se souvient :

— Thomas était un élève brillant qui comprenait vite et bien tout en restant humble. Il fallait quand même avoir une vraie vocation pour suivre cette formation après un diplôme d'ingénieur. Nous sommes fiers de l'avoir eu à nos côtés et d'avoir été à notre niveau des petits ouvriers dans la construction de sa carrière.

Là-encore, comme pour chaque étape de sa vie, Thomas Pesquet garde en lui le souvenir vivace de ces moments passés ici puisque que quelques années plus tard, embarqué dans l'ISS, il postera sur la page Facebook de son ancienne école de pilotage ce message :

— Pas sûr que j'appellerai sur la fréquence en survolant Merville mais je pourrai me remémorer plein de bons souvenirs ! Bons vols à tous.

En 2006, il réalise un premier rêve d'enfant : revêtir un uniforme de pilote commercial. Il prend les commandes d'Airbus A320 pour des vols longs courriers. Il a seulement 28 ans et décolle pour une nouvelle vie professionnelle qui va le conduire, même s'il ne s'en doute pas encore, vers son deuxième rêve de gamin : devenir astronaute.

Après 2 300 heures de vols et une multitude de voyages à travers le monde, il devient instructeur jusqu'à ce qu'il tombe sur une offre d'emploi pour le moins singulière, publiée par l'Agence spatiale européenne (ESA) en 2008 :

« Recherche professionnels capables d'effectuer des missions spatiales en orbite terrestre basse ou vers la Lune. »

Sans hésiter, il postule à ce concours qui se présente à lui, même s'il sait que rien n'est gagné et que la concurrence va être rude. Pas moins de 8143 candidats sont sur la ligne de départ et, à la fin, ils ne seront que... six sélectionnés. Plus de 7000 candidats ne franchissent pas l'écueil de l'étude de leurs dossiers par les jurys. La sélection est sans pitié. Il en reste donc près de mille qui peuvent ensuite se présenter aux épreuves pour un nouvel écrémage.

Il faut d'abord passer des tests psychotechniques qui ressemblent à ceux en vigueur pour une sélection de pilotes. Il s'agit d'énumérations de suites de chiffres que l'on entend dans un casque audio. Dès que la voix s'interrompt, il faut retranscrire sur un clavier d'ordinateur tous les chiffres que l'on a réussi à garder en mémoire en remontant vers le début. Puis, vient ensuite l'épreuve du « cube vectoriel ». Un cube qui s'affiche en 3D sur un écran avec une croix rouge sur une face. L'image du cube disparaît et on entend des indications dans le casque « en arrière, en avant , à droite, à gauche » pour faire tourner mentalement le cube dans sa tête puis le cube revient sur l'écran. Le candidat doit alors cliquer sur l'emplacement de la face à la croix rouge. Ces tests, qui ne dépassent pas trois minutes, s'enchaînent toute la journée.

Après analyse des performances des candidats, il ne reste que 182 d'entre eux encore en lice pour l'épreuve des tests psychologiques. Le principe est de résoudre des problèmes complexes par groupe de six, dans un temps limité. Chaque geste, chaque attitude est scrutée à la loupe par les membres des jurys.

À l'issue de cette ultime épreuve, il ne reste plus que 45 candidats. Il faut passer une visite médicale complète et une série d'entretiens avec les responsables de l'Agence spatiale. Le dernier entretien se déroule face au directeur de l'Agence en personne. Au soir de cette troisième journée, il ne reste que dix candidats en lice pour six places. L'attente interminable débute alors et se prolonge pendant des jours et des jours jusqu'à ce que l'Agence spatiale diffuse un communiqué sur son site dans lequel elle annonce la publication des résultats.

Thomas se souvient de cette période d'attente et d'angoisse, plongé dans une incertitude totale jusqu'à ce qu'il reçoive un coup de téléphone quelques jours seulement avant la conférence de presse. Il dînait chez des amis avec sa compagne quand son téléphone a sonné. Au bout du fil, le directeur des ressources humaines de l'Agence spatiale européenne.

— Vous voulez toujours être astronaute ? interroge avec humour la voix dans le téléphone.

Thomas avoue qu'il a bien failli répondre « non ! », mais qu'il s'est dégonflé. Une chose est sûre, même si rien n'a fuité sur les réseaux sociaux, il a fêté l'extraordinaire nouvelle avec sa compagne et ses amis dans les rues de Paris.

Le 4 juin 2009, il est officiellement présenté lors de la conférence de presse de l'ESA avec les cinq autres candidats retenus : les deux italiens du groupe, Samantha Cristoforetti et Luca Parmitano, l'allemand Alexander Gerst, le danois Andreas Mogensen et enfin le britannique Timothy Peake.

Thomas Pesquet a tout juste 31 ans et il devient, ce jour-là, le plus jeune candidat jamais recruté par l'Agence spatiale européenne. Dès cet instant, les six de la « Classe 2009 », qui se sont surnommés eux-mêmes avec humour et autodérision les Shenanigans (les magouilleurs) se lancent avec enthousiasme dans l'Aventure de leur vie qui doit les mener jusqu'à l'espace. Pour Thomas Pesquet, cette promotion est une deuxième famille dont chaque membre est promis à un brillant avenir spatial.

Samantha Cristoforetti est née à Milan en 1977. Ancienne pilote de chasse dans l'armée de l'air italienne, elle s'est envolée le 23 novembre 2014 à bord de l'ISS.

Timothy Peake est né à Chichester en Angleterre en 1972. Ancien pilote d'essai d'avions et d'hélicoptères, il a réalisé sa première sortie extra-véhiculaire le 15 janvier 2016.

Alexander Gerst est né à Künzelsau en Allemagne en 1976. Escrimeur hors pair, il a une formation de géophysicien et c'est un grand spécialiste des volcans. Il a décollé pour l'espace en 2016 et il est resté dans l'ISS durant 166 jours.

Andreas Mogensen est né à Copenhague au Danemark en 1976. Ingénieur, il est spécialisé en astrophysique et en astrobiologie. Il a été affecté à l'expédition 45 à bord de l'ISS dans laquelle il est resté du 2 au 12 septembre 2015.

Luca Parmitano est lui aussi né en Italie comme sa consœur Samantha Cristoforetti, en septembre 1976. Ce sicilien, major de la force aérienne italienne a connu une mésaventure dont il se serait bien passé lors de sa deuxième sortie extra-véhiculaire de l'ISS en juillet 2013 : il a failli se noyer dans son scaphandre.

Il raconte ce qui s'est passé dans son blog :

— J'étais à l'extérieur depuis une heure et demie et j'ai eu la sensation d'avoir de l'eau sur la nuque et que le volume augmentait au fil des minutes. Au bout d'un moment la partie supérieure de mon casque était pleine d'eau. Je ne savais pas si à ma prochaine respiration je remplirai mes poumons d'air ou d'eau. Je me suis imposé de rester calme et patient et j'ai réussi à retourner dans le sas de la station sain et sauf.

L'expertise de la NASA a permis de comprendre ce qui s'était passé ce jour-là pour l'astronaute italien dans l'espace : une fuite dans le système de refroidissement de la combinaison spatiale.

Un incident qui est loin d'avoir altéré l'enthousiasme de Luca qui partage avec Thomas un rêve absolu : marcher un jour sur la Lune !

4

L'entraînement commence !

Au début de l'hiver 2009, Thomas Pesquet découvre le Centre européen des astronautes à Cologne en Allemagne pour sa formation de base qui sera d'une durée totale de 18 mois.

L'EAC a été construit en 1990. Entouré d'arbres, il comprend trois grands bâtiments dont celui du hall des simulateurs et celui où se trouve une grande piscine pour l'entraînement des astronautes. Elle mesure 18 mètres de long pour 12 mètres de large et 10 mètres de profondeur. Dans le sous-sol de cet immense rectangle on peut observer l'évolution, à travers un hublot, des astronautes plongeant dans l'eau.

En arrivant en Allemagne, l'objectif pour Thomas et ses coéquipiers est clair : acquérir toutes les compétences nécessaires aux vols spatiaux habités et cela dans absolument toutes les disciplines, sans exception. Informatique, mécanique spatiale, électronique, câblage, science des réseaux, rien n'est laissé au hasard. Thomas apprend aégalement à pouvoir intervenir en cas de grave problème médical. Il doit maîtriser toutes les procédures et en cas d'urgence, pouvoir assurer une intervention chirurgicale basique et simule régulièrement des « opérations » avec des médecins.

Cette partie dite théorique s'accompagne aussi d'un entraînement physique de premier plan, notamment dans l'immense piscine du centre. Au fond du bassin reposent des répliques de vaisseau *Soyouz* mais aussi du sas d'entrée de l'ISS, la Station spatiale internationale. Thomas est déjà un plongeur confirmé, mais cette fois, il va découvrir les sensations qui se rapprochent le plus possible des sorties extra-véhiculaires dans l'espace et apprendre les bases de ces opérations à haut risque qu'il aura obligatoirement à effectuer lorsqu'il sera dans l'ISS et qu'il devra ouvrir le sas. L'entraînement est basé sur des « runs », c'est-à-dire des sessions plus ou moins longues.

Équipé d'une combinaison identique, à quelques détails près, à celle qu'il portera durant sa mission, il effectue un premier run de 2 heures en solo sans véritables consignes données par ses instructeurs. L'objectif est essentiellement de tester les réflexes et d'observer ses gestuelles dans ce contexte particulier. Le deuxième run de 2 heures 30 est un travail avec un coéquipier. Ce dernier doit simuler un malaise à la toute fin du run pour être secouru et transporté sans encombre dans le sas de la station spatiale. Le troisième et dernier run est le plus long, avec une durée de 3 heures 30. Le plus fatigant aussi puisqu' il est demandé au spationaute d'effectuer une activité par minute. Chaque geste est filmé avant d'être analysé ensuite par les spécialistes du Centre.

En juin 2010, Thomas, ses cinq coéquipiers et coéquipières s'envolent pour leur tout premier stage de survie en Sardaigne.

Pour placer les candidats astronautes dans les conditions d'un atterrissage d'urgence, l'Agence spatiale européenne décide d'abord de déposer durant 72 heures les six hommes et femmes dans un endroit totalement isolé de l'île italienne. Ils vont devoir établir un campement de fortune avec ce qu'ils vont trouver sur place, faire du feu, mais aussi et surtout partir en quête de leur propre nourriture. Pas d'autre alternative pour eux que de chasser et pêcher en utilisant des objets qu'ils vont trouver dans la carcasse d'une voiture abandonnée sur le site.

Au bout de trois jours, ils reçoivent des vêtements secs et l'ordre de partir pour une nouvelle mission : rejoindre un point de rendez-vous situé à plusieurs dizaines de kilomètres de là. Ils doivent alors appliquer ce qu'ils ont appris durant leurs cours théoriques de survie, notamment se diriger en regardant simplement le ciel. Ils progressent dans un environnement fait de canyons et de parois escarpées qu'ils doivent sans cesse escalader en s'assurant mutuellement les uns aux autres. Là encore, ils passent une nuit à la belle étoile dans un abri de fortune qu'ils improvisent. S'ils ont soif, à eux de trouver de l'eau et de la traiter pour qu'elle devienne potable. Cette deuxième aventure est menée avec succès, avant le troisième et dernier volet de ce stage de survie en Sardaigne.

Une fois récupérés par l'hélicoptère, ils sont littéralement largués au large de l'île en pleine mer. Ils disposent d'un radeau gonflable et du kit de survie de Soyouz. Ils vont ainsi dériver jusqu'au matin suivant. L'ensemble du groupe a réussi ce premier examen de passage mais le chemin est encore long. La préparation ne fait que commencer et elle va durer plusieurs années.

En septembre 2011, Thomas retrouve la Sardaigne, mais cette fois il va explorer les profondeurs de l'île italienne. Durant six jours, il reste dans le noir d'une grotte profonde traversée par un torrent. Là encore, les ressources sont limitées et les conditions de vie pour le moins spartiates. Chaque jour, les candidats astronautes doivent procéder à des relevés topographiques, mais aussi réaliser des expériences scientifiques avec des prélèvements microbiologiques.

Au programme : descentes en rappel le long des parois humides et exploration de chaque cavité dont certaines n'ont jamais été visitées par l'homme jusqu'alors. L'idée des dirigeants de l'ESA est de permettre aux futurs astronautes de se familiariser de la manière la plus réaliste possible à ce qu'ils pourraient trouver sur Mars. En effet, l'exploration de la planète rouge, si elle a lieu un jour, se fera notamment en explorant minutieuseusement les grottes susceptibles d'avoir accueilli la vie.

Après la Sardaigne, changement de décor. Thomas découvre les espaces glacés de la Sibérie au début de l'année 2012. Il participe là à son premier stage de survie en conditions hivernales, en duo cette fois avec Samantha Cristoforetti. Ils sont dirigés sur place par un vétéran de l'armée de l'air russe. Ce stage est obligatoire pour tous les équipages de Soyouz, car il permet aux futurs astronautes de vivre l'expérience d'un atterrissage en catastrophe, loin du point prévu de la base de Baïkonour.

Par moins quinze degrés et avec de la neige jusqu'aux genoux, les naufragés doivent là encore se débrouiller sans aucune aide extérieure. Après une première nuit passée dans la carcasse d'une cabine Soyouz, la suite de la mission passe par la construction d'un tipi avec pour seuls outils un couteau, une machette et la toile d'un parachute. Les candidats astronautes parviennent à couper six arbres et à dégager leurs troncs. Après quelques heures d'efforts, le tipi s'élève dans le ciel de Sibérie. Mission accomplie.

Quelques semaines plus tard, Thomas enfile sa combinaison de plongée sous-marine pour un stage de dix jours dans les eaux du lac Fühlinger, près de Cologne en Allemagne, où se situe le Centre européen des astronautes. La certification plongeur-sauveteur entre également dans le cursus de formation.

Thomas a à peine le temps de reprendre son souffle et d'enlever ses palmes, et le 6 octobre, il monte pour la première fois sur la scène de l'Olympia à Paris. Il anime une conférence qui va durer une quinzaine de minutes dans laquelle il confie au public sa passion pour la science-fiction et les auteurs qui ont imaginé la conquête de l'espace bien avant qu'elle ne commence. Il cite Hergé et ses cultissimes opus *Objectif Lune* et *On a marché sur la Lune*, mais aussi Jules Verne et son incroyable sens de l'anticipation. Avec son humour habituel, il donne rendez-vous au public pour assister de son vivant à une future exploration de Mars en rappelant qu'il fait partie des candidats au voyage interstellaire ! Sa première apparition seul sur une scène est ponctuée par un tonnerre d'applaudissements. Jamais avant lui, un astronaute français n'avait joui d'une telle popularité, même si à cet instant elle n'en est encore qu'à ses débuts...

Rapidement, il retrouve son quotidien et l'entraînement intensif. Fin 2012, il suit en effet ses premières leçons de pilotage de *Soyouz* et il apprend à utiliser le scaphandre *Orlan* (« Aigle de Mer », en russe). C'est le scaphandre qu'il devra revêtir pour les sorties extravéhiculaires dans l'espace. Fait d'une seule pièce, composé de feuilles d'aluminium, ce scaphandre pèse la bagatelle de 120 kilos ! Le scaphandre utilisé par les américains, baptisé EMU (Extra Vehicular Mobility Unit), est quant à lui composé de deux parties, un vêtement et lun sac à dos pour un poids total de 130 kilos. C'est finalement ce deuxième type de scaphandre que portera Thomas lors de son deuxième périple spatial en 2021.

5

Entre Russie et États-Unis

C'est en Russie dans le courant de l'année 2013 qu'il doit à présent suivre une formation théorique de 20 semaines. Il faut d'abord et surtout maîtriser parfaitement le russe.

Durant un mois, il vit en immersion totale dans une famille de Saint-Pétersbourg pour s'imprégner des tonalités de cette langue qu'il découvre pour la première fois. Durant deux autres mois supplémentaires, il s'attelle à apprendre les déclinaisons avec ses professeurs. Peu à peu, la langue de Tolstoï n'a (presque) plus de secrets pour lui. Son séjour en Russie est entrecoupé par des allers-retours au Texas où il se familiarise avec l'ISS, dont la réplique exacte repose au fond de la gigantesque piscine du Space Center de la NASA à Houston.

En avril 2014, il achève sa formation de pilotage du *Soyouz* et il doit passer un examen oral solennel devant un jury d'officiels pour la valider. En fait, Thomas doit décrocher avec succès 7 examens au total en quinze jours ! Le dernier est le plus important car il se déroule en équipe. Les trois candidats qui composent l'équipage revêtent leurs combinaisons spatiales « Sokol » et ils entrent dans le simulateur de vol du Soyouz. Oleg Novitski, le futur commandant de la future mission à bord de l'ISS choisit au hasard une enveloppe blanche que lui tend un membre du jury. Il découvre alors avec ses coéquipiers la mission qu'il doit accomplir, ou plus exactement les pannes qu'il va falloir réparer les unes après les autres, en gardant bien sûr un sang-froid absolu. Comme à chaque fois, tous les gestes et les attitudes des futurs astronautes sont filmés et examinés scrupuleusement par le jury. Sans surprise, le trio Novitski, Whitson, Pesquet réussit haut la main cette ultime épreuve. Chacun est donc désormais officiellement « certifié » pilote de vaisseau *Soyouz*.

Deux mois plus tard, Thomas participe à un nouveau stage de survie, mais cette fois en milieu aquatique près de Moscou. L'objectif est d'apprendre comment réagir en cas d'amerrissage de la capsule spatiale lors de son retour sur terre. Ils sont trois à prendre place dans la cabine qui flotte sur un lac. Pendant que des instructeurs remuent sans cesse la capsule comme si elle était ballottée par les vagues de l'océan, à l'intérieur les astronautes doivent enfiler leurs combinaisons de survie et notamment la combinaison « truite » totalement étanche. Après presque deux heures d'efforts et de contorsions dans l'habitacle, le trio quitte la capsule et se place en étoile. Chacun s'accroche à l'autre par les pieds avec les bouées et l'équipement de survie. Et c'est dans cette très inconfortable position qu'il faut attendre les secours...

Le milieu aquatique tient décidément une place prépondérante dans la préparation des futurs conquérants de l'espace, puisqu'au mois de juin de cette même année, Thomas s'envole pour la Floride, plus précisément le large de la Floride, à quelques encablures de Key Largo. C'est là, à 25 mètres de profondeur, qu'est installée la base Aquarius conçue par les ingénieurs de la NASA. Elle a été construite au Texas en 1986 avant d'être immergée à 9 kilomètres des côtes américaines. D'une superficie de 400 m^2, elle sert de laboratoire aux biologistes marins, mais c'est aussi de véritable banc d'essai pour se préparer aux futures contraintes des voyages dans l'espace.

Il faut noter que c'est aussi dans cette base Aquarius que Fabien Cousteau, le petit-fils du légendaire commandant Cousteau, a passé plus d'un mois sans remonter à la surface. Une expérience menée en hommage à son grand-père qui avait également passé 30 jours dans un habitacle immergé dans la mer Rouge en 1963.

Thomas ne séjourne « que » neuf jours dans cette base unique au monde avec pour mission d'être responsable de l'informatique et de la logistique.

Il a également en charge les sorties extra-véhiculaires. Le scénario de la mission - qui regroupe deux scaphandriers et quatre astronautes - repose sur l'exploration d'un astéroïde avec utilisation d'un marteau-piqueur pour prélever des morceaux de roches.

Thomas doit ensuite réaliser un autre scénario : tester une méthode sur une planète de type Mars en marchant simplement en scaphandre au fond de l'océan avec une boussole et une carte. Il parcourt ainsi plusieurs centaines de mètres sous le regard étonné de poissons multicolores qu'il croise durant sa mission ! Thomas évoque ce moment comme une parenthèse émouvante dans sa préparation, mais pas question pour lui de faire durer le plaisir : il lui faut déjà repartir en Russie où l'attend le simulateur *Soyouz* pour des situations toutes plus critiques et dangereuses les unes que les autres.

Dans son journal de bord, il annonce qu'il doit participer à 26 séances sur ce simulateur et, dès la deuxième, le ton est donné. Pas moins de 18 pannes. Fuites d'air, altimètre hors service, faux signal de dépressurisation : les instructeurs ne lui épargnent aucun coup du sort. Quelques jours plus tard, il déjeune avec Peggy Whitson, astronaute de la NASA et véritable légende car elle a déjà fait deux séjours de six mois sur l'ISS en 2002 et 2008. C'est d'ailleurs avec elle que Thomas s'envolera 2 ans plus tard, mais il ne le sait pas encore, quand elle lui raconte que ce genre de pannes simulées peut vraiment se produire dans la vie réelle. Elle a elle-même vécu un retour pour le moins mouvementé avec sa capsule *Soyouz*. Un boulon pyrotechnique ne s'est pas détaché en rentrant dans l'atmosphère et le *Soyouz* s'est posé à 400 kilomètres de l'endroit prévu, mettant au passage le feu à la steppe tant la chaleur du métal était intense. En se posant, la capsule s'est enterrée sur 30 centimètres de profondeur, ce qui illustre la violence du choc. Pourtant, l'équipage a réussi à s'extraire sans trop de difficultés avant l'arrivée des secours.

À la fin de l'été 2014, Thomas repart pour Houston où il doit consacrer tout le mois de septembre au maniement du bras robotique de l'ISS. Il a bien sûr déjà travaillé sur cette technologie robotique de premier plan, mais uniquement de façon théorique et virtuelle. Cette fois, c'est concret. Le bras de 17,6 mètres de longueur s'utilise avec deux joysticks, un pour les rotations et le deuxième pour les translations. Baptisé *Canadarm2* (il a été entièrement conçu par l'Agence spatiale canadienne), il peut manipuler des charges pouvant aller jusqu'à 115 tonnes. Il est utilisé pour l'arrimage de la navette spatiale à l'ISS, mais sert également à la maintenance extérieure, permet « d'attraper » au vol les cargos ravitailleurs et enfin, c'est au bout de ce bras que s'accroche l'astronaute lors des sorties extra-véhiculaires.

Pendant cette formation, la NASA commence aussi à prendre les mesures de Thomas pour préparer les tenues qu'il portera dans l'espace. Tout est prévu : des chaussures pour faire du sport dans la station internationale, jusqu'aux tee-shirts et même la brosse à dents. Chaque spationaute peut partir avec une valise d'effets personnels qui ne doit pas dépasser 25 litres. Et bien évidemment, les objets pointus, coupants, tranchants sont totalement prohibés.

Décidément, ce mois de septembre 2014 est important dans le cycle de préparation de Thomas puisqu'il le met aussi à profit pour passer tous les examens en rapport avec les systèmes de l'ISS. En clair, il doit être capable de réparer tout ce qui concerne l'oxygène, l'eau et le gaz en cas de panne lorsqu'il partira dans l'espace en 2016. C'est lui qui sera également responsable de la maintenance des scaphandres.

Juste avant de quitter Houston, la NASA lui fixe un planning précis et chargé pour les deux années qui le séparent encore du décollage. Dans son infini bonté, l'organisme spatial américain lui octroie une semaine de vacances au début du mois d'octobre ! On pourrait penser que Thomas va en profiter pour souffler un peu à l'ombre des cocotiers quelque part sur une plage paradisiaque... mais pas question !

Il revient en France avec la ferme intention de piloter à nouveau durant quelques jours des Airbus pour ne pas perdre sa licence de pilote de ligne à laquelle il tient fermement. Les passagers de plusieurs vols commerciaux ont donc avoir la surprise d'entendre, juste avant le décollage, la voix de Thomas Pesquet sortir dans les haut-parleurs avec la célèbre formule : « Captain Speaking… ! ». Il a le temps d'effectuer trois vols : Charles-de-Gaulle/Zurich, Charles-de-Gaulle/Dusseldörf et même un romantique Charles-de-Gaulle/Venise. L'un des vols est d'ailleurs filmé par une équipe de télévision qui interroge les passagers. Tous ont le sourire quand ils apprennent que le futur voyageur de l'espace est celui qui est aux commandes de leur avion du jour. L'un d'eux s'interroge devant les caméras :

— Vous pensez qu'il va vraiment nous emmener à Venise ou bien qu'il va faire un détour par la Lune ?

Sur les réseaux sociaux, un tweetos s'exclame avec humour :

— Les passagers pourront dire que le nouveau Luke Skywalker les a pilotés. Que la Force soit avec eux !

Une allusion directe au *Star Wars* de George Lucas bien sûr, une série de films qui a bercé la jeunesse de Thomas, au même titre que *L'Étoffe des Héros,* un long métrage qui raconte le destin de pilotes d'essais, pionniers du programme spatial américain, « Mercury ».

Dès la fin du mois d'octobre, il rejoint le Centre européen de l'ESA à Cologne en Allemagne pour une double activité. D'abord, il commence son entraînement pour le laboratoire européen Colombus de l'ISS dont il doit maîtriser parfaitement tous les systèmes électriques, de télémesure, de télécommande, sans oublier la manipulation des racks scientifiques pour réaliser des expériences dans l'espace.

C'est durant ce séjour qu'il signe les documents officiels dans lesquels il accepte sa participation à des expériences médicales. En clair, il donne son accord pour être un cobaye de l'espace ! Le but de la démarche est de faire avancer la recherche dans certains domaines pour que les résultats puissent bénéficier au plus grand nombre. À ce jour, aucun astronaute n'a refusé de signer ce document depuis le début de la conquête spatiale.

Au mois de décembre 2014, Thomas Pesquet se rend à nouveau en Russie pour, cette fois, préparer se « garde-robe » de l'espace ! Il arrive à une trentaine de kilomètres de Moscou dans la ville de Lobnya. C'est là que sont fabriquées toutes les combinaisons et les tenues spatiales par l'entreprise Zvezda. Il faut non seulement que l'on prenne ses mensurations, mais il doit aussi se plier aux traditionnels bains de plâtre pour le moulage de son fauteuil. On réalise d'abord un moulage du haut du corps puis du bas. La construction du moulage prend également en compte un facteur qu'aucun tailleur traditionnel terrien ne peut imaginer : dans l'espace, le corps peut grandir de 2 à 3 centimètres. Il faut donc que l'astronaute puisse sortir et rentrer sur son siège sans difficulté. Ensuite, ce sont les scaphandres qui sont réalisés avec une précision extrême, puis les gants. Et pas moins de quatre-vingt-seize mesures sont nécessaires sur chaque main pour les concevoir !

Thomas n'en a pas fini avec la partie vestimentaire et équipements spéciaux, puisque quelques semaines plus tard, il reprend l'avion pour Houston. Cette fois, les techniciens de la NASA font un moulage de ses oreilles et de leurs conduits auriculaires pour réaliser des protections auditives. Elles ont une double fonction, à la fois haut-parleurs et boules Quies. Dans la station spatiale, le bruit créé par les nombreux appareillages qui fonctionnent en parmanence (ventilateurs, pompes et diverses machines), est continu, et il correspond à peu près à l'intensité de celui d'un sèche- linge, ce qui, à la longue, est particulièrement pénible.

Pour éviter que les nuisances sonores auxquelles sont soumis les astronautes durant de longues périodes n'altèrent leur santé auditive, les agences spatiales mondiales et notamment la NASA ont interdit que l'équipage de la station spatiale soit exposé à plus de 70 décibels en moyenne durant 24heures. Pour bien se rendre compte de ce que peuvent entendre les occupants de la station spatiale, l'astronaute canadien Chris Hadfield a enregistré une séquence sonore durant son séjour dans l'ISS en 2013 et l'a ensuite mise en ligne, et c'est infernal ! Depuis quelques années, les ingénieurs sont parvenus à atténuer le bruit, au rythme des innovations technologiques, mais les pionniers de la conquête de l'espace ont malheureusement fait les frais de ce désagrément, parfois en perdant une grande partie de leurs capacités auditives de façon irrémédiable. Ce fut le cas notamment pour certains cosmonautes russes à bord des stations *Saliout* et *Mir* dans les années 1980. Pour Thomas, aucun problème de ce côté-là, ses deux séjours dans l'espace n'ayant provoqué ni lésions ni baisse de sa capacité auditive.

Après cette nouvelle série d'essayages et de tests en Allemagne, Thomas s'envole avec ses coéquipiers pour le Nouveau-Mexique. Au programme : un trek de deux semaines. Mais que l'on ne s'y trompe pas : il ne s'agit pas d'une belle randonnée de vacances ! Douze kilomètres par jour avec des sacs de 25 kilos sur le dos. Cette fois la nourriture est prévue. Contrairement aux expériences précédentes en Sardaigne, dans la montagne ou sous terre, les stagiaires n'ont donc pas besoin de chasser ni de pêcher. L'accent est mis sur le travail d'équipe et la solidarité à travers un parcours, entre canyons et falaises abruptes dans un véritable décor de western.

C'est durant ce trek que Thomas apprend vraiment à connaître celle qui sera sa coéquipière sur l'ISS : Peggy Whitson. Comme Thomas dans la campagne normande, Peggy, née en 1960, a elle aussi passé son enfance dans une petite ville de l'Iowa : Mount Ayr et ses 2 000 habitants. Si Thomas a donné son nom aujourd'hui au jardin public qu'il traversait en allant à l'école d'Auffay, Peggy a eu droit à son rocher ! Il est posé sur une esplanade à l'ombre d'un arbre centenaire, près d'un terrain de basket dans le centre-ville. Le visage de l'astronaute est peint sur la pierre où figurent aussi le drapeau américain et l'impressionnant curriculum vitae de cette docteure en biochimie passionnée d'espace depuis qu'elle est toute petite. Elle a effectué dix sorties dans l'espace et passé 665 jours dans la station spatiale. Ce sont autant de records gravés dans la roche par un artiste local. Le monument inauguré par Peggy elle-même devant une foule enthousiaste en septembre 2019 fait aujourd'hui partie du patrimoine de Mount Ayr.

Entre Peggy, Thomas et leurs camarades, le trek est l'occasion de forger un véritable esprit de corps, notamment durant ces moments privilégiés que sont les soirées de bivouac, devant un feu qui crépite.

En janvier 2015, Thomas revient en France, à Rouen, sa ville natale, pour participer aux forums régionaux du savoir. Il est reçu à l'Hôtel de Région qui affiche complet pour l'occasion. Devant l'intérêt suscité par la venue de l'enfant du pays, la conférence est retransmise en direct sur les réseaux sociaux. En guise d'introduction, Thomas s'excuse d'abord de ne pas revenir plus souvent dans sa région, mais explique avec comme d'habitude une pointe d'humour dans la voix que son emploi du temps ne lui laisse guère de répit. Durant presque deux heures, il explique ce que va être sa mission et en profite pour prendre une position sans équivoque sur le projet qui agite, en ce début d'année, le monde médiatique : le projet *Mars 1.*

Imaginé par un ingénieur néerlandais, il consiste à envoyer un équipage vers Mars en le filmant durant chaque seconde du voyage. Le financement de cette exploration est conçu sur le même principe que la téléréalité. Pour Thomas, ce genre de projet est voué à l'échec et, pour une fois, il exprime sans sourire tout le mal qu'il pense de cette idée en estimant que la conquête de l'espace mérite plus de respect et de professionnalisme que de penser à une exploitation commerciale tous azimuts. Après plusieurs interviews pour les chaînes de télévision, radios et journaux, Thomas range sa tenue de communicant en chef des astronautes pour se replonger dans le bain... au propre comme au figuré.

En l'occurrence, il va se plonger au fond de l'immense piscine de Houston. C'est là, dans cette spectaculaire piscine hors norme – qui contient presque 24 millions de litres d'eau –que se trouve une reproduction de l'ISS. Thomas va devoir effectuer dix plongées au total avant son départ.

Chaque plongée dure entre 7 et 8 heures et sert de préparation aux sorties extra-véhiculaires dans l'espace, avec un scénario bien défini à l'avance et de nombreuses tâches à accomplir pour les astronautes dans leurs combinaisons spatiales.

C'est aussi à Houston que Thomas reçoit une formation poussée de secouriste. Il apprend comment prélever du sang, poser une perfusion, faire un point de suture et même arracher une dent, supervisé par un chirurgien venu sur place lui prodiguer des conseils. Comme dans tous les autres domaines, rien n'est laissé au hasard dans la préparation et chaque astronaute doit pouvoir parer le moindre coup dur qui se présenterait à lui dans l'espace. Cette formation de secouriste est complétée par une immersion dans le service des urgences d'un hôpital de Cologne. Il assiste à une opération à cœur ouvert, mais participe aussi activement à des auscultations. Cette fois, il ne s'agit pas de mannequins comme d'habitude, mais bel et bien de véritables patients souffrant de fractures ou d'autres maux.

Thomas et ses coéquipiers en profitent pour pratiquer sur eux-mêmes des examens des yeux. Après avoir séjourné dans l'espace, la vue des astronautes se modifie en effet dans 30 à 40 % des cas, car la forme de l'œil change avec l'apesanteur.

Entre deux mouvements de scalpels, Thomas range son stéthoscope pour goûter la nourriture prévue pour sa mission. La NASA prépare tous les menus, mais en en ce printemps 2015, Thomas a la chance de pouvoir choisir sa « bonus food », ces petits plats qu'il adore tout particulièrement et qu'il pourra déguster dans l'espace.

Il choisit d'abord 13 plats préparés par le chef trois étoiles Alain Ducasse qui collabore depuis de longues années avec la NASA :

Ratatouille sicilienne câpres et olives
L'œuf bio en cocotte
Homard breton
Quinoa aux algues
Effiloché de volaille en parmentier (...)

Une liste gourmande à laquelle il faut ajouter les créations culinaires spatiales d'un autre chef français, Thierry Marx. Ce dernier concocte le menu des fêtes de fin d'année :

Langue de bœuf Lucullus au fois gras truffé,
Suprême de poulet aux morilles,
Pressé de pain d'épices aux fruits exotiques.

Pour les grands maîtres de la cuisine française, préparer des plats qui seront dégustés dans l'espace est une véritable gageure. Ils sont très loin de leur zone de confort, car en créant les menus, il faut prendre en considération que, dans l'espace, la gravité n'existe pas et les convives peuvent donc flotter en apesanteur en regardant leurs assiettes, elles aussi en totale suspension !

Tous les autres pays représentés par un astronaute qui sera envoyé sur l'ISS ont également mis les petits plats dans les grands, en mettant leurs meilleures toques à contribution. Ainsi pour l'Italie des astronautes Luca Parmitano et Samantha Cristoforetti, c'est le chef Davide Scabin qui a été sollicité. Une vraie fierté pour ce cuisinier de Rivoli, une ville près de Turin, qui peut se targuer d'être le tout premier transalpin à avoir envoyé de la nourriture 100 % italienne dans l'espace !

Il a concocté des plats déshydratés stockés dans des sacs en aluminium avec une date limite de consommation de 36 mois. Outre l'aspect technique du conditionnement il explique dans une interview sur le site spécialement dédié à Luca Parmitano que c'est surtout le problème du sel qu'il a dû surmonter :

— Les scientifiques ont prouvé que le sel pouvait être nocif pour les os des astronautes. Pour le remplacer, j'ai utilisé des tomates, du fromage avec un peu de sauce au soja. J'ai réussi à préparer les premières lasagnes de l'espace qu'on peut réhydrater avec une eau à 70.

L'astronaute danois Andreas Mogensen a bénéficié lui aussi du concours d'un chef de son pays en la personne de Thorsten Schmidt. Sur le site de l'Agence spatiale européenne, Andreas explique l'importance de retrouver les parfums de la Scandinavie dans l'espace :

— Je voulais vraiment apporter de la nourriture danoise pour la partager avec l'équipage et donner une saveur spéciale à ma mission durant le temps d'un grand repas avec tout le monde.

Thorsten Schmidt a donc préparé des spécialités traditionnelles comme de la poitrine de bœuf au chou et une crème vanille-rhubarbe. Mais ce chef inventif, étoilé au guide Michelin, est aussi un créateur de plats singuliers. Il a donc imaginé une douceur sucrée que les astronautes de la station spatiale pourraient déguster avec le café à la fin des repas. Ainsi sont nés en 2015 après de nombreuses semaines de tests les « space rocks » ou « rochers de l'espace ». Le chef a donné à son chocolat l'aspect de météorites en modèles réduits avec en plus, comme pour une célèbre marque d'œufs en chocolat, des messages personnalisés écrits par les familles des astronautes sur des petits papiers cachés à l'intérieur de ces rochers gourmands.

Timothy Peake, astronaute anglais a pu, de son côté, se prévaloir du talent incroyable du chef Heston Blumenthal. L'inventeur de la glace au crabe a préparé sept menus pour son compatriote britannique avec, notamment, du saumon d'Alaska, du poulet thaï au curry, une crème au citron vert et bien sûr une spécialité anglaise par excellence : le bacon ! Il a ainsi créé un sandwich spécial à base de bacon et d'autres ingrédients secrets tous validés par la NASA, *of course* !

Pour arbitrer ce match entre gourmandise et gastronomie, Thierry Marx dans un entretien au Figaro livre une confidence lâchée au détour d'une conversation qu'il a eue avec Jean-François Clervoy, ancien astronaute qui a séjourné à de nombreuses reprises dans l'espace :

— Ce sont les produits français qui font encore l'unanimité auprès des astronautes !

Sans aucun chauvinisme, Thomas emporte avec lui une petite partie de cette gastronomie française que le monde entier nous envie, même si en l'occurrence, elle se présente dans des barquettes lyophilisées ou déshydratées. Il faut noter que le pain est totalement proscrit à cause du danger potentiel des miettes qui peuvent provoquer un étouffement des astronautes - puisqu'elles flottent perpétuellement dans la station - mais aussi provoquer des incendies en s'infiltrant dans les appareils de bord.

Le pain est donc remplacé par des tortillas mexicaines. L'avantage de ces galettes à base de farine de maïs, c'est qu'elles restent redoutablement solides, même si on leur joint en garniture des oignons, de la sauce tomate ou un morceau de bœuf réhydraté. Lorsqu'il sera dans l'espace, Thomas déclinera d'ailleurs, photos à l'appui, de nombreuses recettes à base de ces tortillas, tout en rêvant secrètement de se délecter à son retour d'un bon morceau de pain croustillant avec un délicieux camembert *made in Normandie* !

À défaut de la bonne vieille baguette, les gourmandises sucrées, elles, sont autorisées à bord et en bonus de tous ces plats étoilés, Thomas pourra aussi déguster des macarons à la framboise, conçus par Pierre Hermé, le maître incontesté de cette petite douceur. Le pâtissier a travaillé durant un an avec ses équipes à la conception de ce macaron de l'espace pour qu'il réponde parfaitement au cahier des charges de la NASA et du CNES.

Pour clore ce chapitre gourmand, il faut enfin évoquer la participation à l'aventure d'une petite entreprise familiale créée en 1907 en Bretagne : la conserverie Hénaff. Basée à Pouldreuzic en pays Bigouden et connue pour son célèbre pâté, elle a accepté l'offre qui lui a été faite par le chef Alain Ducasse dès 2011 de concevoir une nourriture spatiale.

L'entreprise qui emploie près de 300 salariés présente deux atouts majeurs. D'abord elle peut faire valoir son savoir-faire ancestral dans le domaine de la charcuterie, mais elle est aussi une des rares à détenir une certification reconnue par les autorités américaines en matière de viande.

Loïc Hénaff, PDG de l'entreprise bretonne reconnaît sa fierté d'avoir été associé à cette aventure :

— Nous avons développé un laboratoire dans lequel nous avons préparé deux cents boîtes de conserves selon un procédé de stérilisation que nous maîtrisons totalement. Pour nous c'est un défi national de pouvoir fabriquer ces conserves en France et non pas aux USA.

L'entreprise du Finistère a bien sûr dû procéder à de nombreux tests de vibrations et de résistance à la pression pour être sûre à 100 % de l'étanchéité de ses conserves.

On comprend mieux pourquoi aujourd'hui les salariés de la conserverie portent tous sur les manches de leur blouse de travail l'écusson « Space Food » où figurent côte à côte le sigle du CNES et le logo du groupe Jean Hénaff.

Au mois d'octobre 2019, Thomas Pesquet a d'ailleurs rendu une visite surprise dans les locaux de l'entreprise bretonne devant des salariés totalement surpris et flattés. Pas de micro ni la moindre caméra. L'astronaute français est simplement venu remercier les équipes pour leur travail, en laissant tout de même un petit mot écrit au marqueur noir sur le mur du PDG. « Merci pour l'accueil et à bientôt pour de nouvelles aventures ! »

En laissant ce message, Thomas avait-il déjà en tête la certitude de pouvoir repartir dans l'espace quelques mois plus tard ? Ce qui est sûr, c'est que la conserverie bretonne l'a effectivement suivi une nouvelle fois dans son périple spatial en lui fournissant de nombreux repas de fêtes !

Mais en cette année 2015, Thomas est simplement occupé à préparer son tout premier départ pour la station spatiale.

Après avoir choisi les bons petits plats qu'il pourra déguster à 40 kilomètres d'altitude, il s'envole pour la Russie où il reprend l'entraînement physique dans le simulateur de Soyouz. Il répète inlassablement les phases d'arrimage en orbite et les rentrées dans l'atmosphère. Même s'il est copilote sur la mission, il doit pouvoir suppléer le commandant à n'importe quel moment. Pour tester sa résistance aux décélérations, il s'allonge régulièrement dans la centrifugeuse de la Cité des étoiles. La machine est utilisée d'abord à vitesse lente et l'on demande à l'astronaute de lire des affichages ou encore de retenir des séquences de chiffres. On peut aussi lui demander de réaliser des actions comme débuter une communication radio. Puis la vitesse augmente. Les accélérations s'intensifient jusqu'à 9 G (l'astronaute pèse alors neuf fois son poids).

Entre deux blocages de sa cage thoracique sur cette machine infernale, Thomas suit de près les résultats du concours lancé au début du mois d'avril auprès des internautes pour donner un nom à la future mission.

Il reçoit près de 1 400 propositions et il en choisit une qui lui plaît particulièrement. En 2021, pour sa deuxième mission spatiale, il recevra presque 30 000 propositions, dont *Alpha* qui sera finalement retenue et que l'on doit à une habitante de Gironde passionnée d'astronomie. Mais en ce mois d'avril 2015, Thomas a retenu un nom proposé par Samuel, un jeune toulousain de 13 ans, qui lui a suggéré l'évocateur *Proxima.*

Pour Thomas Pesquet c'est une évidence et le moyen de s'inscrire dans une longue tradition des astronautes français qui ont tous donné à leur mission un nom d'étoile ou de constellation : *Antares* pour Michel Tognini, *Altaïr* pour Jean-Pierre Haigneré, *Cassiopée* pour Claudie Haigneré, *Pégase* pour Léopold Eyharts…

Proxima du Centaure, le nom de l'étoile la plus proche du soleil va donc bientôt être brodé sur les combinaisons de l'équipage, dont le jour du départ approche peu à peu, même si le pas de tir de la fusée est encore totalement endormi dans la steppe de Sibérie.

Les « stylistes » de Thomas, eux, sont loin d'être endormis puisqu'ils préparent le scaphandre « Sokol » que l'astronaute français devra porter dans le *Soyouz* lors des phases de lancement et de retour de la capsule. Le *Sokol*, cet équipement dont le nom veut dire « faucon » en russe, pèse 10 kilos environ et il faut entre 10 et 12 minutes pour l'enfiler. Il protège contre les risques de dépressurisation qui peuvent se produire à bord d'un engin spatial. Une situation qui serait dramatique car le sang de l'astronaute se met alors à bouillir et l'issue est fatale.

C'est hélas ce qui s'est produit en 1971 lors d'un vol d'une capsule *Soyouz 11*. Cela peut paraître complètement improbable et inconscient aujourd'hui, mais les trois cosmonautes avaient alors embarqué en chemises, sans la moindre protection ! Après leur vol orbital, lorsque leur capsule a atterri, les secours n'ont pu que constater le décès des trois hommes. En 1973, une société soviétique créait la combinaison de secours Sokol pour éviter qu'un tel drame ne se reproduise.

La combinaison Sokol garde une bulle d'air autour de son occupant. Une fois la combinaison revêtue, il faut la sceller hermétiquement après une minutieuse opération de pliage. La « Sokol » est conçue pour être utilisée avec une couchette appelée Kazbek qui oblige l'astronaute à se placer en position fœtale. L'essayage se fait sous pression durant deux heures chronométrées. Une première simulation en conditions réelles qui donne à Thomas un avant-goût du confort tout relatif de la capsule Soyouz.

En revanche, l'avion qui le conduit au Japon au début du mois de juin 2015 ne pose aucun souci de confort pour Thomas qui se rend une dernière fois dans la ville de Tsukuba pour s'entraîner à nouveau sur le module scientifique nippon « Kibo », dans le centre spatial situé à une cinquantaine de kilomètres au nord-est de Tokyo.

La ville japonaise de 250 000 habitants abrite depuis de nombreuses années le siège de la « JAXA »(Japan Aerospace Exploration Agency). En 2011, le centre avait subi des dégâts importants à cause du tremblement de terre et tous les bâtiments avaient été évacués par mesure de précaution, même si la base n'a pas été touchée par le tsunami dévastateur. Lorsque Thomas Pesquet découvre les installations, tout est redevenu normal dans le périmètre.

Tsukuba est une ville « nouvelle » qui a été créée dans les années 1960 pour tenter de décongestionner la tentaculaire ville de Tokyo. Depuis, plus de 300 installations dédiées à la recherche scientifique et technologique sont apparues au milieu d'un environnement verdoyant. Une ville idéale selon les guides touristiques pour découvrir le Japon et dans laquelle Thomas Pesquet se sent bien, même s'il n'a pas forcément le temps de rendre une visite de courtoisie au grand Bouddha Ushiku Daibutsu, l'immense statue de pierre qui veille sur les lieux du haut des 120 mètres !

Le décalage horaire digéré, Thomas, infatigable voyageur et roi incontesté des aéroports, repart pour la France. Il participe au Salon du Bourget, la manifestation incontournable des passionnés d'aéronautique. Pour lui c'est un lieu important car il se souvient y être venu lorsqu'il était enfant avec son papa. Là encore, habillé de sa combinaison bleue d'astronaute qui lui colle à la peau comme le bonnet rouge à la tête du commandant Cousteau, il participe à un « space show » où il explique les grandes lignes de sa mission et il donne rendez-vous au public pour la prochaine édition.

Ensuite, toujours dans l'optique de ne pas perdre sa licence de pilote, il enchaîne en se mettant aux commandes d'un Airbus A320 deux vols commerciaux dans la semaine vers Genève puis vers Prague.

Le tout avant de s'envoler pour la Cité des étoiles de Baïkonour. Tous les astronautes sont placés en quarantaine avant le départ de trois d'entre eux pour l'ISS prévu le 2 septembre 2015. Thomas est la doublure d'Andreas Mogensen. Même si le Français ne doit décoller que dans un an, il est parfaitement entraîné et préparé pour le remplacer au pied levé en cas de problème.

Dans le très beau documentaire *Thomas Pesquet l'Étoffe d'un Héros* réalisé par Jürgen Hansen et Pierre-Emmanuel Le Goff, qui raconte l'entraînement de l'astronaute français sur plusieurs années, on découvre comment il a vécu ce moment particulier. Il s'est installé dans l'hôtel des astronautes de la base spatiale. Une suite sans luxe apparent avec des grandes baies vitrées protégées par d'épais rideaux de couleur beige.

Les règles sont strictes : personne ne doit l'approcher à moins de 5 mètres pour éviter tout risque de contamination par le moindre virus. Pas question de compromettre la mission. Les heures sont longues, désespérément longues. Pour tuer l'ennui, il filme une séquence silencieuse où on le voit marcher dans une allée entourée de dizaines de jeunes arbres. Tous ont été plantés par des astronautes depuis le début de la conquête spatiale dans les années 1960.

Il s'arrête devant l'un d'eux. Une plaque est posée au pied du tronc. C'est l'arbre de Youri Gagarine, le premier homme de l'histoire de l'humanité à avoir volé dans l'espace. Il a planté son arbre ici juste avant son départ, le 16 avril 1961. Thomas, Peggy et Oleg planteront eux aussi les leurs, comme le veut la tradition russe, qui permet d'exorciser le mauvais sort.

Thomas immortalise les quelques heures qui restent avant le décollage de l'équipage de son ami Andreas. Il assiste en spectateur à l'émouvant moment où les astronautes en combinaisons disent au revoir à leurs familles et amis situés de l'autre côté d'une vitre épaisse. Bientôt, il le sait, ce sera son tour. Ensuite, Thomas accompagne Andreas jusqu'au pas de tir.

C'est là au pied de la fusée qu'il lui dit au revoir. La quarantaine médicale prend fin à cet instant précis.

Le *Soyouz* décolle pour la 500ᵉ fois, mais avec à son bord le tout premier astronaute danois de l'histoire de la conquête spatiale. Andreas Mogensen restera en orbite durant une dizaine de jours. Le lendemain matin, Thomas Pesquet repart vers le Texas, à Houston, pour un entraînement intensif avec les deux astronautes qui l'accompagneront dans la mission *Proxima* : l'Américaine Peggy Whitson et le russe Oleg Novitski. Le trio se prépare à affronter trois cas d'urgences absolues dans la station.

Premier scénario d'urgence : l'atmosphère de la station devient toxique, notamment à cause de l'ammoniac utilisé dans le système du contrôle thermique. Le deuxième cas critique est celui d'un incendie à bord. La troisième situation d'extrême danger est une dépressurisation de la station.

Pour chacun de ces cas, les trois astronautes mémorisent toutes les procédures et les protocoles jusqu'à l'évacuation de la station en tout dernier recours. Les capsules *Soyouz* constituent leurs « canots de sauvetage » dans l'espace.

Après deux semaines sous la menace d'alertes rouges et d'alarmes déclenchées, Thomas se concentre ensuite sur l'utilisation du scaphandre EMU qu'il utilisera dans le cas où il devrait réaliser une sortie extra-véhiculaire. Il s'entraîne dans le laboratoire de réalité virtuelle où il est confronté à des cas de figure extrêmes, comme par exemple être propulsé sans aucun point d'accroche et tourner comme une toupie au milieu des étoiles. Une scène vue et revue dans les films de science-fiction que Thomas n'envisage pas de vivre une seule seconde, tout en se préparant malgré tout à le faire, au cas où…

Le 12 novembre 2015, Thomas se rend à Paris pour une journée importante. Il annonce officiellement dans une conférence de presse que le nom de sa mission sera *Proxima* et il dévoile son logo. Trois bandes bleu blanc rouge au dessus d'un X symbolisant qu'il est le dixième français à s'envoler pour l'espace. Il détaille ensuite les 55 expériences scientifiques qu'il devra réaliser dans l'espace et les applications qui pourront en découler à son retour sur Terre. Thomas donne aussi le ton sur sa vision de la communication et entend bien associer le maximum de personnes à son aventure. Il prend l'engagement de tenir un journal de bord quotidien et d'envoyer le maximum de photos et de vidéos qu'il réalisera durant ses moments libres dans la station spatiale.

Même si cela lui semble encore irréel, il avoue alors que les choses semblent s'accélérer au fil des jours :

— Je n'arrive pas vraiment à réaliser que dans moins d'un an je serai tout en haut d'une fusée pour partir dans l'espace. C'est un rêve de gamin et souvent les rêves ne restent que des rêves. Moi, je vais le faire pour de vrai. Je me dis parfois que je vais me réveiller tellement cela semble incroyable.

Dans la foulée, Thomas rencontre Emmanuel Macron à l'Élysée. Le président de la République lui remet un drapeau français mais aussi une copie de l'accord sur le climat de la COP 21 qu'il vient de signer avec les autres chefs d'États.

Les deux hommes se promettent de faire le point sur ce dossier dès le retour sur Terre de Thomas.

Après l'Élysée, nouveau changement radical de décor quelques heures plus tard. Thomas se retrouve au bord d'une piscine parisienne avec l'apnéiste Guillaume Néry. Le niçois a réussi à atteindre -125 mètres et il donne quelques conseils à l'astronaute pour qu'il maîtrise encore mieux sa respiration. Les deux hommes sympathisent et Thomas propose à Guillaume de le revoir à son retour pour une plongée commune quelque part sur la planète.

De son côté, le plongeur visiblement enthousiasmé par cette rencontre avec l'astronaute participera quelques années plus tard à un vol parabolique pour connaître lui aussi les sensations de l'apesanteur.

Thomas, lui, fête une dernière fois Noël sur le plancher des vaches, car en 2016, il verra briller les guirlandes des sapins à 400 kilomètres d'altitude, la tête en bas et les pieds en l'air devant l'un des hublots de la station spatiale.

Début janvier, Thomas est à Houston pour continuer à se familiariser avec le pilotage du bras robot canadien. Les semaines passent au rythme d'allers-retours incessants entre la Russie, les États-Unis et le Japon. Au mois d'avril, Thomas teste pour la première fois le scaphandre EMU en conditions réelles dans une chambre à vide du centre spatial de Houston. Pas d'air. Pas de gaz. La simulation est différente de celle qu'il pratique habituellement dans la piscine et lui permet de tester autrement les fonctions de son armure spatiale.

Il participe d'abord à une première expérience étonnante. Un verre d'eau est posé sur une chaise près de lui et, à sa grande surprise, il voit l'eau bouillir à 17°, la température de la pièce où le vide total est fait. Quelques minutes plus tard, il tient une bille de plomb dans un des gants et une plume dans l'autre. Il lâche les deux objets en même temps et que croyez-vous qu'il advienne ? Les deux objets tombent exactement à la même vitesse. Dans son carnet de bord, il souligne que Galilée et Newton avaient compris avant tout le monde que c'est bien l'air qui freine la plume dans sa chute !

Cette session d'entraînement dure plusieurs heures, car il faut respecter de nombreux paliers de décompression avant de sortir. Pour tuer ce temps où il est attaché au plafond dans son volumineux scaphandre blanc de 150 kilos, Thomas a droit au visionnage en privé du film *Seul sur Mars* avec Matt Damon.

Après ce premier contact avec le vide, Thomas prépare son bagage, d'un format à peine plus grand qu'une « valise cabine ».

À l'intérieur, c'est un véritable inventaire à la Prévert : sa ceinture noire de judo, un tee-shirt des Spurs (l'équipe de basket de Tony Parker), *le Petit Prince* et autres œuvres de Saint-Exupéry, *De la Terre à la Lune* de Jules Verne, des photos de familles, quelques objets personnels et le drapeau français.

Au mois de juin 2016, pendant qu'en France les lycéens passent leur baccalauréat, Thomas, Peggy et Oleg doivent réussir en Russie, l'examen final pour valider leur ticket pour l'espace. Il consiste à rester une journée entière dans la réplique de l'ISS où tous les gestes, toutes les décisions sont scrutés à la loupe par les membres du jury. Le trio décroche la note maximale et peut vivre intensément le cérémonial typiquement russe que détaille Thomas dans son carnet de bord.

D'abord on coupe et on partage un solide gâteau à la crème qui porte les couleurs en sucre bleu et rouge du centre d'entraînement Youri Gagarine. On est loin du macaron de Pierre Hermé, mais ne dit-on pas que c'est l'intention qui compte ?

Ensuite, il faut aller déposer des œillets au Kremlin à Moscou sur les tombes de Serguei Korolev et Youri Gagarine, les héros soviétiques de la conquête spatiale puis signer le registre des cosmonautes dans l'hôtel où le pionnier a passé sa dernière nuit avant de partir pour l'espace.

Thomas et ses deux coéquipiers doivent aussi s'asseoir sur des fauteuils face à un grand écran pour visionner le film qu'avait vu lui aussi Youri Gagarine avant son départ historique. Il s'agit de l'un des plus gros succès du cinéma russe, intitulé *Le Soleil blanc du désert*. Ce long-métrage relate l'histoire d'un soldat de l'Armée rouge qui, après avoir combattu dans les plaines d'Asie Centrale, rentre chez lui à Moscou. En chemin, il doit aider une cavalière à combattre un chef rebelle.

Pour clore ce cérémonial, il faut ensuite passer par le musée de Baïkonour et s'habiller avec la tenue traditionnelle kazakhe puis poser pour la photo sur un tapis de la salle du musée consacrée spécialement au Kazakhstan, le pays où est installé le cosmodrome russe.

Il faut savoir que le complexe de Baïkonour, construit en 1956, est loué depuis 1994 par la Russie au Kazakhstan, puisque le pays est indépendant depuis la chute de l'URSS. Le 10 juin 2021, le sénat kazakh a voté une nouvelle ratification concernant l'accord de location qui a été prolongé jusqu'en 2050 pour la modique somme de... 115 millions de dollars par an.

Mais loin de ces considérations géopolitiques, Thomas compte de son côté de plus en plus les jours qui le séparent du début de sa mission. Il passe l'été au Texas où il termine les entraînements pour le pilotage du bras robot, les plongées en scaphandre, les procédures à respecter, les protocoles à engager. Depuis 7 ans, ces entraînements rythment sa vie et il est enfin prêt pour le grand voyage. Avec émotion, il dit au revoir à tous les instructeurs qui ont croisé son long chemin d'apprentissage. La date du départ est officiellement fixée au 15 novembre 2016.

Les trois astronautes quittent une énième fois les USA, d'abord pour se rendre pour deux semaines à Cologne dans le Centre des astronautes européens. L'occasion pour Thomas de tester une étrange machine : la chaise MARES (Muscle Atrophy Research and Exercise System). Elle permet de surveiller l'activité musculaire des astronautes pendant leurs séances de sport. Lorsque les membres de l'équipage l'utiliseront, toutes les données seront étudiées par les spécialistes du CADMOS (Centre d'Aide au Développement des Activités en Micropesanteur et des Opérations Spatiales). Ces hommes et ces femmes que Thomas surnomme affectueusement « ses anges gardiens » sont là pour aider à chaque instant les astronautes en surveillant leurs constantes physiologiques et leur stabilité psychologique dans toutes les missions qu'ils entreprennent dans la station spatiale durant leur séjour.

Thomas Pesquet participe en octobre 2016 à sa dernière conférence de presse avant le départ. Les journalistes sont venus en nombre à Baïkonour pour recueillir les déclarations de l'astronaute français. Comme à son habitude, sans la moindre note devant lui, il évoque le volet scientifique de sa mission, mais il insiste aussi et surtout une nouvelle fois sur sa volonté de partager ce moment avec le plus grand nombre de terriens.

— C'est comme un marathon qui s'accélère, mais on est prêts. Cette fois c'est sûr, on va vraiment être catapultés tous les trois dans l'espace ! conclut-il dans un grand sourire.

La date du départ se précise. Le tant attendu mois de novembre arrive enfin avec des chutes de neige sur la Cité des étoiles. Thomas, Peggy, Oleg et leurs trois « doublures » entament la quarantaine obligatoire. Les règles de vie sont les mêmes que celles auxquelles ils se sont pliés quelques mois auparavant, mais cette fois la situation est très différente : ce sont eux qui vont partir. Le 2 novembre, le trio sort de la base pour tester une dernière fois l'intérieur de leur capsule *Soyouz* avec leurs combinaisons de vols.

Le 11 novembre, ils reviennent au même endroit mais, cette fois, le *Soyouz* est fixé au-dessus de la fusée, à 50 mètres du sol. Ils procèdent aux mêmes vérifications.

Puis c'est l'attente, rythmée par des repas à heure fixe, par des massages sous le regard d'une quarantaine de personnes qui veillent au bien-être de l'équipage.

Thomas profite de cette longue période d'attente pour se préparer ses playlists musicales, notamment pour écouter ses titres préférés pendant les 48 heures que vont durer le voyage jusqu'à la station spatiale. En choisissant tranquillement les morceaux, il ne se doute pas une seule seconde que quelques semaines plus tard, il aura un impact médiatique digne d'un DJ de renommée mondiale !

Il choisit donc d'abord 17 chansons et publie sa liste sur les réseaux sociaux. Très vite sa sélection fait le tour d'Internet et devient la « Playlist de l'Espace » !

Celle-ci fait la part belle à la scène électro française avec notamment *Go !* de M83 et Mailan. Il a découvert ce groupe originaire d'Antibes dans les

Alpes-Maritimes à l'occasion d'un concert à Houston durant son entraînement, quelques mois auparavant.

— J'aime leur musique dont la mélodie monte comme l'adrénaline avant le décollage, confie-t-il sur les ondes de Fip, la radio où il tient régulièrement une chronique sur ses goûts musicaux.

Il ajoute également dans le top de ses choix une chanson de Mai Lan, artiste franco-vietnamienne dont le titre L*es huîtres* passe en boucle dans ses écouteurs.

Plus tard, il confiera que quelques heures avant son décollage dans la capsule Soyouz, le trio qu'il forme avec Oleg et Peggy a choisi un morceau de musique à tour de rôle :

— C'était une liste vraiment disparate. Cela allait de la country russe, au rock des années 80/90, à des trucs plus récents pour moi. Cela nous faisait rigoler de passer ces morceaux les uns à la suite des autres avant de décoller.

Sans s'en douter, il va devenir au fil des semaines un véritable influenceur de l'espace dans le monde de la musique, sans doute car il réussit le tour de force d'associer des morceaux de musique électronique les plus pointus à des grands standards de la chanson française ou de la pop internationale.

La chanteuse Véronique Sanson sera ainsi mise à l'honneur avec son tube *Besoin de personne.*

Lors de son deuxième séjour dans l'espace au mois de mai 2021, il n'hésite pas à citer la chanteuse et l'un de ses titres cultes pour annoncer l'arrimage du cargo ravitailleur à l'ISS :

— Comme Véronique Sanson, les Cargo *Progress* n'ont besoin de personne, ils sont automatiques !

Il joint même à son message posté sur son compte Instagram un lien pour visionner le clip original de la chanson créée en 1976, soit 2 ans avant sa naissance, mais quand on est fan on ne compte pas !

Justement les fans de Thomas vont se manifester artistiquement peu avant son retour sur Terre en 2017. Puisqu'il diffuse la musique depuis l'espace, sa famille et ses amis les plus proches ont eu l'idée géniale de faire pareil depuis la Terre.

Ils ont donc contacté le chanteur Bénabar pour lui demander s'il était d'accord pour que sa chanson *Le Dîner* soit transformée en *La fusée*. Depuis longtemps, le « clan » Pesquet aime fredonner cet air et l'a même interprété en live devant Thomas dans sa combinaison spatiale juste avant le décollage de *Soyouz*.

Bénabar a non seulement accepté, mais il a aussi supervisé le clip du groupe « les Proximans ». C'est le chanteur qui lance l'air avec ces paroles pleines d'humour :

— Je veux pas y aller dans cette fusée, y'a du basket à la télé… j'ai entraînement de judo, je veux pas monter là-haut…

Ensuite, tous les membres de la famille poursuivent, certains en tenue de pilote de ligne :

— … fini l'étoffe des héros, le beau gosse au saxo… toutes ces filles qui perdent la tête, toutes ces mamans qui s'inquiètent…

On devine Anne, sa compagne, au centre d'une chorale qui interprète a cappella et en agitant les mains un morceau dans le morceau intitulé « ...TagadaTagadatagadaLalere... », puis les guitares et la batterie reprennent de plus belle avec pour conclure toujours sur l'air du tube de Bénabar :

— On veut savoir sur cette station si il y a une machine à jambon... je veux pas retourner dans le *Soyouz*, j'ai pas fini de visser tous les boulons de douze.

Certes, cette chanson n'a pas rencontré son public , même si la vidéo du clip a tout de même été visionnée plus de 12 000 fois, mais quel hommage ! De toute façon, la trentaine de membres des « Proximans » n'avaient pas pour objectif de représenter la France à l'Eurovision mais de toucher le cœur de « Leur » Thomas. Et de ce point de vue, c'est une réussite totale.

6

En route pour l'espace : 16 novembre 2016

Thomas et ses deux coéquipiers ont été réveillés une dizaine d'heures avant le départ. Durant cette journée totalement extraordinaire dans une vie, l'équipage respecte les traditions en apposant à tour de rôle, leurs signatures sur la porte de la chambre de Youri Gagarine, comme avant eux des dizaines de cosmonautes juste avant leur départ pour l'espace.

Le rituel bien huilé se poursuit lorsqu'ils sont aspergés de quelques gouttes d'eau par l'encensoir d'un pope russe qui les bénit afin d'écarter le mauvais sort.

Puis, un bus les attend pour les conduire jusqu'au pas de tir. La base spatiale de Baïkonour dispose de deux sites distincts pour le lancement des fusées, le pas de tir n°1 et le pas de tir n°2. Thomas et ses deux coéquipiers vont décoller du premier site baptisé « Gagarin's start ».

Durant le bref trajet qui les conduit au pas de tir, ils doivent encore respecter une autre tradition pour le moins étrange et qui n'est pas filmée par les caméras. Et pour cause : les astronautes doivent aller faire pipi sur la roue du véhicule comme l'avait fait Youri Gagarine en son temps. Peggy, la seule femme de l'équipe, en est dispensée mais doit tout de même verser une bouteille d'eau sur le pneu ! Le bus repart ensuite en direction du hangar 254. Là, les trois candidats au départ revêtent leurs scaphandres bleu et blanc. Contrairement à Peggy et à Oleg qui ont déjà connu cette sensation, pour Thomas c'est une grande première.

On devine dans son regard capté par les caméras qui retransmettent l'événement en direct dans le monde entier, une extrême concentration.

Cette préparation minutieuse est aussi vécue sur place par les familles et les amis des astronautes qui se trouvent derrière une grande vitre de protection. Thomas fait quelques gestes dans leur direction en levant son pouce pendant que les techniciens russes s'affairent autour de lui.

Puis vient le moment émouvant où chaque astronaute se rapproche de la vitre dans son scaphandre, la visière de son casque encore levée. Chacun communique grâce à des micros posés sur les tables en bois.

Les regards se croisent, les yeux brillent. On perçoit une tension. Comme des adieux sur le quai d'une gare ou celui d'un port.

L'heure de se dire au revoir en espérant au plus profond de soi que tout va bien se passer... L'instant est sans doute moins difficile à vivre pour les astronautes qui se sont préparés mentalement depuis longtemps que pour leurs proches. Même si, quand l'émotion vous étreint, aucun entraînement même le plus poussé ne peut éteindre la flamme qui brille dans les yeux de chacun.

Ensuite, les voyageurs en partance pour l'espace se lèvent et ils marchent vers le bus qui, cette fois, va les conduire au pas de tir de la fusée *Soyouz*. Ils saluent les hommes et les femmes qui leur font une haie d'honneur, puis à l'avant du bus.

Ils posent tous les trois pour une dernière photo avant de s'installer le nez collé à la vitre. Thomas pose sa main bien à plat sur le verre contre celle de sa compagne Anne de l'autre côté. Ils se sont préparés à ce moment depuis longtemps, mais sans l'avoir répété. Ils savaient tous les deux que cet instant viendrait, au moment même où Thomas a été sélectionné pour devenir astronaute 7 ans auparavant.

Thomas dessine à Anne un cœur avec sa main puis il lui sourit une dernière fois en portant ses doigts à sa bouche et en mimant un baiser avant que le bus ne démarre et ne disparaisse dans la nuit glacée du

Kazakhstan. La température extérieure frôle les -20 °C et une fine pluie de flocons de neige commence à blanchir le sol.

Quelques dizaines de minutes plus tard, le trio est installé dans la capsule. Durant sa préparation, cette capsule, Thomas l'a souvent comparée à une Fiat 500 (ancienne génération !) tellement la place y est limitée. Cette fois, il peut le vérifier en conditions réelles. Depuis l'extérieur, on devine de la vapeur qui s'échappe de différents endroits de l'imposante fusée qui pèse la bagatelle de 310 tonnes. Le départ est imminent. Une caméra embarquée laisse entrevoir les trois membres de l'équipage qui referment le viseur de leur scaphandre.

À 21 heures 20, heure française, une lueur aveuglante jaillit dans la nuit de Baïkonour accompagnée d'un vrombissement effrayant et assourdissant. Le sol tremble et la fusée s'élève dans les flammes. Les quatre boosters du premier étage donnent toute leur puissance et, à l'intérieur, les trois astronautes doivent encaisser une poussée de 4 G (4 fois le poids de leurs corps) pour une vitesse approximative de 2 000 kilomètres heure.

Puis, après deux minutes, les boosters se désolidarisent de la fusée et le deuxième étage prend le relais. Les trois astronautes font tous les trois un signe de la main, comme pour saluer les étoiles avant l'éjection finale à 156 kilomètres de la terre qui propulse la capsule *Soyouz* en orbite avec sa vitesse de croisière qui frôle les 28 000 kilomètres heure.

Dans la salle de contrôle, les ingénieurs et les techniciens russes applaudissent. Tout s'est passé comme prévu. Thomas Pesquet est en route pour l'espace dans une capsule à peine plus grande que celle que lui avait construite son père lorsqu' il était enfant sous le ciel de Normandie !

7

ISS, premier contact

Quarante-huit heures après son décollage, la capsule *Soyouz* s'arrime enfin à l'ISS. Une libération après ces deux jours passés par les trois astronautes dans un couloir de 2,5 mètres de long. Durant ce laps de temps, la capsule a réalisé 34 fois le tour de la Terre sans que personne ne soit malade à bord comme cela peut arriver parfois. Cela équivaudrait à faire un Paris-New York en dix minutes !

Thomas a comparé cette expérience à une partie de tétris où il faudrait à chaque instant que les trois astronautes exploitent chaque millimètre de la capsule. Il confie aussi que le trio s'est endormi au bout de sept heures de voyage, totalement épuisé par cette incroyable journée.

Dès leur réveil, les coéquipiers savent qu'ils ont fait le plus gros du travail. Il ne reste plus qu'à rejoindre la station spatiale dont les contours sont encore invisibles. Puis vient le moment tant attendu où elle apparaît enfin. Le spationaute français, Jean-François Clervoy a comparé cet instant qu'il a lui aussi connu, à l'apparition « d'un papillon géant brillant dans le soleil ». Thomas Pesquet parle d'une véritable gifle devant ce spectacle inouï :

— On a l'impression incroyable d'être au cœur d'un film de science-fiction et en même temps on se dit que c'est bien réel !

Les procédures d'approche sont longues. Tout doit se faire en douceur. La capsule réduit peu à peu sa vitesse à 70 centimètres par seconde puis à 10 centimètres par seconde au moment de s'arrimer à la station.

Puis la manœuvre du sas d'entrée débute là encore avec beaucoup de précaution. La pression doit être exactement la même entre les deux vaisseaux sinon la porte peut voler en éclat et causer des dégâts importants. Après de longues minutes, l'épaisse porte en métal s'ouvre enfin, poussée par les membres de l'ISS.

Oleg est le premier à entrer dans la station sous les applaudissements nourris du centre de contrôle. Puis c'est au tour de Thomas, dont le visage s'illumine d'un grand sourire. Peggy entre la dernière en prenant elle aussi dans ses bras les membres de l'ISS.

Désormais, ils sont six réunis dans la station spatiale : L'équipage de Thomas qui forme la mission 51 vient de rejoindre celui de la mission 50 composée de l'Américain Shane Kimbrough et de deux cosmonautes russes, Andreï Borissenko et Sergueï Ryjikov.

Les arrivants découvrent leur nouvel environnement, grand comme un terrain de football, avec enthousiasme et une pointe de soulagement après avoir été serrés comme des sardines dans le *Soyouz*.

En comparaison, l'ISS est vraiment immense avec une longueur de 108 mètres et une largeur de 73 mètres. Elle a été patiemment conçue tel un jeu de construction entre 1998 et 2011, comportant aujourd'hui une centaine de modules.

Le tout premier a été mis en orbite le 20 novembre 1998. Il s'agissait d'un cylindre de 19 tonnes baptisé *Zarya* et destiné à alimenter le futur complexe en électricité. Il sert également de lieu de stockage dans la partie russe de l'ISS. Deux semaines après sa mise en orbite, il a été rejoint par le module *Unity*, le tout premier composant américain de la station.

La NASA propose sur son site internet une animation qui retrace en deux minutes toutes les étapes ayant conduit à la construction de ce puzzle spatial, fruit d'une étroite et permanente collaboration internationale. Quinze pays ont participé à ce projet unique, même si les principaux financeurs restent les États-Unis puis la Russie, le Canada, le Japon et onze pays européens, dont la France. Depuis novembre 2000, l'ISS est continuellement occupée, et Thomas est donc le dixième de ses « habitants » à porter le drapeau bleu blanc rouge sur la manche de sa combinaison.

Très vite, il se met au diapason du rythme de l'ISS qui alterne 45 minutes d'obscurité et 45 minutes de jour, l'ISS étant en effet exposée seize fois par jour au soleil. La première chose que Thomas fait en arrivant dans la station spatiale, c'est de téléphoner à Anne, sa compagne, pour la rassurer. Tous ses proches sont réunis dans la salle de contrôle de la Cité des étoiles et il échange quelques mots avec eux.

Après Anne, Thomas entend la voix de Baptiste, son frère aîné, qui a du mal à retenir son émotion en s'adressant à son petit frère astronaute : « Allo major Tom ! », lance-t-il avant de continuer « Je suis fier de toi, tu fais rêver la France ». Les parents de Thomas prennent à leur tour le micro pour exprimer leur soulagement de le savoir bien arrivé. Mais 6 mois, c'est long et ils fixent déjà un prochain rendez-vous avec leur fils cadet qui leur fera faire une visite privée de l'ISS dans les prochains jours.

Après un débriefing, Thomas commence à regarder réellement son nouvel environnement. Il a beau le connaître par cœur après toutes les simulations et les exercices réalisés au sol, il est tout de même surpris par les dimensions de l'ISS. Quant à la vue sur la planète bleue, elle est imprenable et d'une beauté telle qu'aucune simulation ne peut laisser imaginer…

Mais avant de diffuser ses premières photos, Thomas doit s'acquitter d'une mission beaucoup moins poétique mais essentielle pour la vie dans l'ISS : réparer les toilettes ! Cela peut paraître étrange, mais tous les équipages sont confrontés à un moment ou à un autre de leur séjour dans l'espace à ce souci. Pour Thomas et ses coéquipiers, il se produit dès le deuxième jour. L'astronaute se transforme le temps d'une journée de travail en plombier spatial. La panne est réparée !

Il peut désormais se consacrer aux expériences scientifiques qu'il va devoir réaliser au fil des semaines dans son laboratoire. Son programme est chargé, avec 62 expériences pour le Centre national d'études spatiales (CNES) et l'Agence spatiale européenne (ESA) et 55 supplémentaires pour les agences américaine, japonaise et canadienne.

Pratiquement dès son arrivée, il lance la toute première expérience baptisée *Matiss* et qui étudie des matières « intelligentes » auto-nettoyantes pouvant chasser les bactéries et les empêcher de proliférer. Une idée qui pourrait avoir des répercussions concrètes avec de multiples utilisations dans la vie quotidienne sur Terre. L'expérience est basée sur quatre plaques en inox identiques de technologie française. Il s'agit de portoirs avec six lamelles de verre recouvertes chacune par des matériaux différents. Tous les échantillons seront étudiés à la fin de la mission *Proxima*.

Même s'il est concentré sur ses objectifs, il doit aussi durant les premiers jours se familiariser avec son environnement. Sur la Terre tous les modules sur lesquels il s'entraînait étaient solidement fixés au plancher. Or, désormais, dans la station spatiale, il n'y a pas de sol. Dans son journal de bord, il note d'ailleurs qu'il avait l'impression que les choses changeaient en permanence de place car tout, absolument tout, flotte dans les airs. Il faut aussi apprendre à se déplacer et, au début, il se cogne un peu partout avant, peu à peu, de trouver ses marques.

« Flotter c'est hyper cool ! », écrit-il encore dans son journal en se comparant à une chauve-souris quand il appelle ses proches les jambes vers le haut et la tête vers le bas. Il apprend aussi à dormir dans un duvet flottant sans pouvoir, hélas, plonger sa tête sur un oreiller comme il adore le faire sur Terre.

Il note aussi quelques désagréments dans sa vie en apesanteur. L'absence de gravité accentue l'afflux sanguin à l'intérieur du crâne et certains sens, comme le goût, peuvent en être affectés. Il se surprend, durant les repas, à forcer sur les doses de sel et de sauces pimentées car il trouve la nourriture trop fade. Malgré tout, il prend un réel plaisir à vivre dans cette station qu'il appelle désormais sa « maison ».

Une maison où les horaires sont stricts ! Les journées commencent à 6 heures du matin et s'achèvent à 19 heures 30. C'est seulement à partir de cette heure-là que les astronautes ont du temps libre, après le repas du soir. Très rapidement, Thomas commence à prendre des photos de la Terre depuis la Cupola. Fabriquée en

Italie', « La Coupole » en français, est un module en aluminium de 2 mètres de diamètre et 1,5 mètre de hauteur avec une large « fenêtre » qui offre une vue imprenable sur l'espace et la Terre.

Ce dôme composé de sept hublots sur les côtés et d'une fenêtre centrale est la pièce préférée des astronautes qui peuvent venir s'y ressourcer en contemplant un extraordinaire panorama. Elle est également utilisée comme tour de contrôle pour piloter le bras robotique. C'est depuis ce lieu que Thomas va prendre des milliers de photos et réussir le tour de force de proposer au public des images de quasiment toutes les grandes villes de la planète et de cités bien plus modestes, notamment celles de sa Normandie natale. Son compte « @Thom_Astro » devient vite incontournable et attire des milliers d'abonnés qui découvrent chaque jour des images magnifiques de tous les coins du monde. On peut d'ailleurs encore aujourd'hui admirer tous ces clichés référencés par une communauté de « géomarqueurs » sur une carte du monde.

Il suffit de cliquer sur un continent, puis un pays et on peut découvrir la ville où l'on habite vue de 400 kilomètres d'altitude. Thomas a également réalisé pour Google View toute une série de photos de l'intérieur de la station spatiale sur lesquelles un photographe professionnel du moteur de recherche a ajouté des commentaires audio et de nombreuses informations.

Pour Thomas et les autres occupants de la station, le temps des fêtes de fin d'année approche à grands pas. Les astronautes cherchent dans la station spatiale un petit sapin qui aurait pu être laissé là par un équipage précédent, mais en vain. Ils doivent se résoudre à un plan B et décident alors de faire flotter leurs grosses chaussettes. Anne, la compagne de Thomas a également préparé des boules de Noël customisées avec des petits cadeaux à l'intérieur. Le père Noël passera donc le 24 décembre au soir dans l'ISS ! Il devra simplement réaliser une manœuvre pour s'arrimer avec son traîneau...

Après le repas « étoilé » préparé par le chef Alain Ducasse, l'équipage a droit à une séance de cinéma avec la diffusion en avant-première du dernier opus de *Star Wars,* « Star Wars VIII. *The Last Jedi* ». Lors de son arrivée dans la station spatiale, Thomas reconnaît avoir eu l'impression d'entrer justement dans un film de la saga tellement la vue de l'ISS et son impressionnante envergure lui avait fait penser à un vaisseau imaginé par le génial réalisateur Georges Lucas.

Après les duels au sabre laser des chevaliers Jedi, Thomas a l'agréable surprise le lendemain matin de recevoir un appel de la NASA qui lui offre cette fois une diffusion d'un match de basket de NBA. Rappelons qu'il adore ce sport et qu'il a d'ailleurs reçu un an auparavant au Texas les deux joueurs français des San Antonio Spurs, Tony Parker et Boris Diaw. Il leur a fait visiter ce jour-là le centre spatial de Houston et notamment la gigantesque piscine dans laquelle la réplique de l'ISS repose à dix mètres de profondeur.

Les yeux rivés sur la surface de l'eau, presque incrédule devant l'impressionnant dispositif technique et les installations déployés devant lui, Tony Parker avoue toute l'admiration qu'il porte à l'astronaute français :

— Il s'entraîne 6 heures par jour lorsqu'il plonge dans la piscine. Moi je fais un peu de plongée en amateur et je vois comment je suis après 45 minutes. C'est énorme comme performance !

Une fois dans l'espace et libéré de toutes les contraintes de la gravité, Thomas adresse un clin d'œil à ses amis basketteurs en réalisant une vidéo pleine d'humour. Il joue avec un ballon qu'il fait passer avec une aisance déconcertante sous ses jambes, à être celui qu'il a toujours rêvé d'être... Michael Jordan !

Après le repas de Noël, il faut penser au réveillon de fin d'année. Cette fois, on devine un peu de nostalgie et de mélancolie dans l'humeur de Thomas. Dans son journal de bord, il se souvient des grandes tablées avec ses vingt et un cousins dans la ferme de ses grands-parents. Il se remémore aussi les batailles épiques de boules de neige et les éclats de rire durant des missions casse-cous sur un lac gelé où ils avaient pourtant interdiction parentale formelle de se rendre !

Pour ce 31 décembre 2016, l'ambiance est beaucoup plus posée et tranquille. Pas de champagne ni de vins liquoreux, mais de simples jus de fruits et du thé, l'alcool étant totalement prohibé à l'intérieur de la station spatiale. Comme il le souligne dans son journal de bord, « c'est pas l'idéal pour s'émoustiller ! ».

Mais dans un coin de sa tête, alors que l'équipage se souhaite la bonne année avec des déguisements de fortune, Thomas n'a qu'une seule pensée : deux semaines plus tard, si tout va bien, il effectuera sa toute première sortie extra-véhiculaire.

L'instant le plus extraordinaire pour un astronaute : une sortie dans l'espace. Pour la qualifier il utilise cette formule :

— C'est un rêve dans le rêve. C'est la poupée russe du rêve spatial.

C'est aussi le moment le plus dangereux dans la vie d'un astronaute.

Pour cette première, le Français sera accompagné de l'Américain Shane Kimbrough. La mission des deux hommes : remplacer quatre batteries qui alimentent les panneaux solaires de la station.

Le grand jour arrive le 13 janvier 2017. Thomas et Shane se lèvent à 6 heures du matin. Une sortie dans l'espace ne s'improvise pas et il faut respecter à la lettre un protocole draconien.

La partie la plus délicate et sans doute la plus inconfortable pour les astronautes est de se harnacher avec les imposantes combinaisons dont le poids approche les 200 kilos chacune !

Peggy Whitson est aux côtés de Thomas pour l'aider à s'habiller et, enfin, après plusieurs dizaines de minutes d'effort, l'armure spatiale se referme sur Thomas.

Il est 13 heures et il est enfin prêt à découvrir ce qui passe de l'autre côté des hublots dans le vide sidéral, à 400 kilomètres au-dessus de la Terre.

Dans quelques secondes, il sera le quatrième Français dans l'histoire de la conquête spatiale à devenir un « marcheur de l'espace » après Philippe Perrin en 2002, Jean-Pierre Haigneré en 1999. Sans oublier le pionnier Jean-Loup Chrétien qui, en 1988, fut le premier Français à sortir dans l'espace pour arrimer une antenne radio à la station *Mir*.

La scène retransmise en direct durant le journal de 13 heures sur Antenne 2 était commentée par un certain Jean-Pierre Haigneré qui déclarait à l'époque :

— Chaque effort que l'astronaute effectue, comme serrer la main, requiert 80 kilos de pression musculaire. On peut donc considérer que la sortie de Jean-Loup va être équivalente au niveau de l'effort fourni à deux matchs de football consécutifs.

Ce jour-là, Thomas Pesquet, qui n'avait que 10 ans, regardait ce grand moment à la télévision, les yeux ébahis...

29 ans plus tard, pendant que les ingénieurs de la salle de contrôle ont le regard fixé sur le sas d'ouverture, des dizaines de milliers d'internautes se connectent sur

les réseaux sociaux pour vivre l'événement en direct. Thomas Pesquet va sortir dans l'espace !

On distingue d'abord le casque de Shane Kimbrough, le premier à s'extraire de l'ISS, comme dans une scène tournée au ralenti alors même que la station se déplace à 28 000 kilomètres heure !

Quelques minutes plus tard, c'est au tour de Thomas. Il entend dans son casque les consignes de Peggy qui lui rappelle de bien se tenir au câble, son unique et fragile ligne de vie dans cet espace hostile. Thomas a déjà réalisé des dizaines et des dizaines de fois cette manœuvre dans la piscine d'entraînement, mais cette fois, bien sûr, c'est différent.

Il ressent d'abord une étrange sensation de chaleur à travers sa combinaison pourtant totalement hermétique. Le soleil brille de mille feux sur l'ISS au moment précis où Thomas tourne la tête en s'extirpant à son tour du sas.

Dans son journal de bord, il raconte ce moment d'une rare intensité :

— Sous mes pieds, les continents, les océans, tout a l'air si minuscule.

Mais pas question de se laisser griser par tant de beauté, car le travail l'attend. La mission. Toujours la mission.

La sortie des deux hommes dans l'espace est prévue pour durer 6 heures 20, selon le programme officiel.

Les images captées par les différentes caméras placées à l'extérieur de la station donnent le vertige à chaque mouvement des deux astronautes. Avec le jour qui, inlassablement, succède à la nuit toutes les quarante-cinq minutes et des températures qui oscillent entre -150 °C et +100 °C !

Shane Kimbrough, le commandant de l'ISS, et Thomas travaillent vite et bien. Comme prévu, ils remplacent les batteries avec du nouveau matériel dont la durée de vie est de 10 ans chacune. Chaque batterie pèse 165 kilos sur terre et, même si dans l'espace elles ne pèsent pas plus lourd qu'une plume, elles restent toutefois encombrantes et compliquées à manipuler.

Mais les deux astronautes sont diablement adroits et ils parviennent à les fixer à la place des anciennes avec deux heures trente d'avance sur le *timing* initialement prévu.

Profitant de cette aubaine dans le chronomètre, le centre de contrôle leur confie alors d'autres tâches supplémentaires qu'ils peuvent accomplir sur leur lancée, notamment photographier certains secteurs de l'ISS pour des vérifications ultérieures et remplacer une caméra et une lampe.

Là encore, le duo s'acquitte parfaitement de ces missions bonus. Pour se réhydrater, les astronautes peuvent aspirer dans une pipette nichée avec sa réserve d'eau au cœur du scaphandre. Cet exercice est éprouvant physiquement, mais les deux coéquipiers ne donnent aucun signe de fatigue et leurs constantes observées à la loupe par les équipes au sol grâce aux capteurs sont parfaites. Durant la dernière demi-heure de leur sortie extra-véhiculaire, ils déplacent des sacs contenant des boucliers de protection contre les météorites et les poussières spatiales', qui seront déployés ultérieurement. Puis, aux alentours de minuit en temps universel alors que la station spatiale survole l'Asie, Thomas regagne le premier le sas. On distingue mal son chemin de retour car la nuit noire enveloppe désormais la station spatiale et les images captées par les caméras sont floues. Shane le suit quelques minutes plus tard. L'astronaute américain entre les pieds en avant pour pouvoir fermer l'écoutille. La mission aura duré duré 5 heures 58 au total'. Depuis la salle de contrôle de Houston, Luca Parmitano qui a supervisé la sortie extra-véhiculaire félicite le duo pour son travail remarquable et glisse un mot personnel à Thomas, son camarade de promotion avec qui il s'entraîne depuis 2009 :

« Bravo Thomas et merci pour ton amitié. »

À bord de la station, Peggy Whitson prend le relais pour appliquer toutes les instructions de la check-list du retour. Elle se trouve de l'autre côté de l'écoutille du sas et voit la lumière s'allumer dans le module éclairant les deux scaphandres de Shane et Thomas. Les 650 000 spectateurs présents devant leurs écrans d'ordinateur durant la retransmission en direct devinent le drapeau bleu blanc rouge sur l'épaule de Thomas derrière le hublot.

Au bout d'une vingtaine de minutes, Peggy flotte jusqu'à la porte du sas qu'elle ouvre avant d'être rejointe par Oleg venu en renfort pour aider au « déshabillage » des deux « marcheurs de l'espace ». Shane et Thomas encore harnachés (depuis 8 heures !) se congratulent en se prenant par les gants. Juste après, Peggy photographie les mains encore gantées des deux astronautes pour vérifier qu'il n'y a aucune lésion et aucune usure anormale de leur couche de protection. Enfin, après de longues minutes, ils enlèvent leurs casques. Thomas est le premier à le faire. Il passe sa main sur son front luisant de sueur et on devine ses cheveux mouillés par la transpiration.

Peggy prend ensuite appui sur les jambes de Thomas pour qu'il puisse s'extraire de son scaphandre. Il se glisse vers le bas et on distingue son sous-vêtement blanc qui comporte tout un réseau de tubes assurant le contrôle thermique de sa combinaison. Une sorte de système frigorifique qui fonctionne par circulation d'eau.

Après cette grande première pour Thomas, l'astronaute français confie qu'il a eu l'impression d'être resté une demi-heure seulement dans l'espace tellement le temps est passé vite !

Il a également cette formule particulièrement imagée :

— Sortir dans l'espace, c'est comme faire de l'escalade avec une armure !

Dans la station spatiale, après cette parenthèse spectaculaire et intense, la vie quotidienne reprend son cours normal dès le lendemain matin avec la reprise des expériences scientifiques qui suivent les deux heures de sport réglementaires absolument nécessaires pour la bonne santé des astronautes.

Les séances commencent toujours par du vélo d'appartement version espace, baptisé CEVIS (cycle ergomètre avec isolation des vibrations et système de stabilisation). Ce « home trainer » nécessite que son utilisateur s'équipe d'abord des chaussures fixées aux pédales et « s'attache » contre une paroi pour ne pas s'envoler pendant qu'il roule.

Pendant ses séances de vélo spatial, d'une demi-heure environ, Thomas teste de nouvelles technologies, comme par exemple un t-shirt intelligent, relié à un smartphone capable de contrôler les données physiologiques pendant l'effort.

Une invention que l'on doit à une start-up basée à Lyon, Citizen Science. Lors de son deuxième séjour dans l'espace, Thomas disposera du même vélo, mais cette fois-ci, grâce à un casque de réalité virtuelle et à un programme de mise en immersion élaboré par la start-up PerformVR, il pourra pédaler dans les rues de Paris en passant devant la tour Eiffel ou carrément sur les routes du Tour de France !

Les astronautes utilisent également le tapis roulant T2. Pour pouvoir courir dans n'importe quel sens, ils doivent là encore se mettre un harnais avec des élastiques fixés contre une paroi. Le tapis est totalement isolé du reste de la station et relié à des ordinateurs.

Une troisième machine complète cet équipement de sport spatial. Il s'agit de l'*Ared*, un appareil de musculation dont l'avantage non négligeable est d'offrir une vue directe sur la coupole de l' ISS.

C'est l'équipement sportif préféré de Thomas :

— C'est un monstre qui, grâce à deux cylindres pneumatiques, peut créer jusqu'à 272 kilos de force. Elle entraîne absolument tous les muscles du corps. Les bras, le dos, pectoraux, abdominaux mais aussi les muscles des jambes, détaille-t-il.

Pour tous les astronautes, le sport est une activité obligatoire et totalement indispensable à leur équilibre physique. Les scientifiques ont prouvé qu'ils perdent en moyenne 1 % de leur densité osseuse chaque mois passé dans l'espace : comme le corps flotte en permanence, les muscles du dos et ceux des cuisses ne sont pas du tout sollicités. L'effort physique est donc indispensable pour limiter la perte osseuse et musculaire.

À titre de comparaison, une personne perd 1 % de cette densité lors d'une année sur la Terre. On comprend donc pourquoi Thomas et ses coéquipiers ne peuvent se permettre de rater ce rendez-vous avec l'effort soutenu dans la salle de fitness de l'ISS.

— Si on a mal au dos ou si on a trop de travail, c'est possible d'annuler de temps en temps, mais il faut le faire le moins possible. Alors c'est sûr, mieux vaut être un sportif pour endurer un tel rythme. Je n'ai jamais été un athlète de haut niveau, mais j'ai toujours consacré une grande partie de mon temps à entretenir mon corps. J'ai quand même hâte de revenir sur Terre pour pouvoir à nouveau courir dans une forêt et respirer le bon air, confie Thomas dans son journal de bord'.

Quand il ne fait pas de sport lui-même, il aime regarder les autres en faire et notamment sur les écrans de télévision. Ainsi, au mois de février, il n'hésite pas à tourner une bande-annonce à l'occasion du match international de rugby Angleterre France dans le cadre du traditionnel Tournoi des 6 Nations pour France 2.

Pour l'occasion, il est filmé par Peggy qui se transforme en réalisatrice de retransmission sportive le temps de cette séquence dynamique conçue comme une véritable bande-annonce.

On le voit un ballon de rugby sous les bras faire un crochet dans un couloir de l'ISS face à Oleg qui, bien sûr, ne peut pas le stopper dans son offensive, puis foncer à toute vitesse dans les modules de la station en flottant vers la fenêtre de la Cupola pour marquer un essai avec le commentaire « live » d'un journaliste de la chaîne publique qui s'enflamme devant cette performance. Pour donner à cette séquence un air de vérité encore plus criant, certains joueurs du XV de France jouent le jeu en levant tous la tête vers le ciel en même temps, comme si la station spatiale passait au-dessus de leur rectangle vert.

Malheureusement, les encouragements spatiaux de Thomas qui regarde le match en direct avec un maillot de l'équipe de France ne suffiront pas, puisque les tricolores s'inclinent de trois petits points face aux Anglais. Pas de quoi entamer l'enthousiasme de l'astronaute français qui voit défiler les jours de février jusqu'à la date fatidique du 27.

Lundi 27 février. Son Anniversaire ! Il fête ses 39 ans qui coïncident avec ses 100 jours passés dans l'espace.

Espace et confinement obligent, il est évidemment impossible d'allumer 39 bougies pour l'occasion, car le feu représenterait un risque majeur pour la station spatiale.

En 1997, un début d'incendie s'était déclaré pour des raisons inconnues à bord de la station orbitale russe *Mir*. Les six cosmonautes ont utilisé en urgence trois des dix extincteurs du vaisseau pour éteindre les flammes en une minute et demie, se transformant ainsi en « pompiers de l'espace ». Les dégâts ont heureusement été limités même si certaines gaines d'isolation ont été totalement calcinées. La fumée produite par ce feu accidentel a également provoqué des irritations de gorge à certains membres de l'équipage américano-russe de la station.

On comprend donc aisément que souffler des bougies est totalement hors de question. Pas grave, Thomas se console en dégustant les délicieux macarons de Pierre Hermé. Le meilleur pâtissier du monde a longuement réfléchi à leur élaboration durant un an. Il leur a fait subir des tests anti-explosion et antimiettes avant que la NASA donne son feu vert à ces petits gâteaux dont la ganache traditionnelle a été remplacée par une pâte de fruit au parfum de framboise. L'image de Thomas jonglant ce jour-là avec les macarons flottants devant lui, le drapeau français en arrière-plan, a fait le tour du monde des réseaux sociaux.

Les semaines passent avec inlassablement le même emploi du temps chaque jour. Dans son journal de bord, Thomas laisse poindre un peu de déprime, en évoquant un huis clos, un confinement avec les cinq mêmes visages dans un espace réduit, sans échappatoire.

— Parfois, forcément on se sent un peu étouffé, avoue-t-il.

Malgré tout, l'astronaute est loin de tomber dans la sinistrose. D'autant que chaque jour, il appelle sa famille et notamment, Anne sa compagne :

— Cela peut paraître bête, mais je suis heureux quand je parle avec elle de frigo cassé, d'un projet de nouvelle pièce à peindre ou de choses plus poétiques. Je n'ai jamais autant demandé à ma famille si tout allait bien que depuis que je suis dans l'espace. Ces moments avec eux me boostent automatiquement.

Un autre élément participe aussi à l'optimisme et à la motivation de Thomas : la perspective d'une deuxième sortie extra-véhiculaire. Elle est programmée le 24 mars 2017 et il sera de nouveau associé à Shane Kimbrough comme la première fois. Depuis ce jour-là, les deux astronautes ont gagné le surnom des « Marathoniens de l'Espace » grâce à la performance durant laquelle ils ont explosé tous les records de rapidité pour accomplir les tâches prévues.

Leur nouvelle mission est de déconnecter des câbles d'un adaptateur, lubrifier l'extrémité du bras robotique

Canadarm 2, inspecter un radiateur et remplacer des caméras et des équipements informatiques. L'objectif de cette sortie est surtout de parachever les travaux d'installation d'un deuxième port d'amarrage qui servira aux futurs vaisseaux commerciaux habités mis au point par SpaceX.

Thomas peut-il imaginer à cet instant que c'est justement une fusée SpaceX qui le conduira à nouveau dans l'espace quelques années plus tard ?

Une chose est sûre, en ce 24 mars 2017, fidèles à leur réputation, le commandant américain et l'astronaute français sortent du sas de décompression de la station spatiale avec 30 minutes d'avance. L'occasion pour Shane et Thomas de prouver à nouveau leur dextérité et leur précision, mais cette fois chacun de leur côté, contrairement à leur première mission où ils avaient travaillé côte à côte.

Les images de cette sortie extra-véhiculaire, captées par la caméra de Thomas sur son scaphandre sont d'une beauté à couper le souffle et ont d'ailleurs fait l'objet d'une vidéo, « Time Lapse » qui résume dans une version accélérée de 8 minutes les 6 heures 34 de la mission.

Thomas commence par inspecter un système de refroidissement qui pourrait avoir une fuite. On le voit prendre une multitude de photos qu'il envoie aussitôt aux ingénieurs dans la salle de contrôle de Houston pour qu'ils puissent vérifier en temps réel.

Sa deuxième tâche est de lubrifier le bras robotique « *Dextre* ». C'est le nom donné au robot polyvalent mis au point par l'Agence spatiale canadienne.

Cette fois encore, le duo s'acquitte parfaitement de sa mission et rentre dans la station avec le sentiment du devoir accompli.

Quelques jours plus tard, Thomas publie sur les réseaux sociaux une série de photos saisissantes en expliquant :

— Je suis très actif sur les réseaux, car c'est magique de pouvoir faire naître des vocations. Je suis ici car c'était mon rêve mais ce n'est pas ma petite aventure égoïste. On le fait pour les gens, pour la recherche, pour faire avancer un monde que l'on partage.

Et dans cette notion de partage, il y a aussi la ferme intention de Thomas de faire le job pour faire avancer la science en se livrant chaque jour à des expériences dans différents domaines. Il passe de nombreuses heures sur l'expérience japonaise *Auxin,* dont l'objectif est de comprendre comment les plantes transportent des nutriments pour croître.

Pour l'expérience européenne *SODI-DCMIX*, il se livre à des manipulations pour analyser l'interaction des mélanges liquides dans l'espace. Dans un autre domaine plus ludique mais tout aussi sérieux, Thomas teste le module expérimental gonflable BEAM, un habitat de l'espace nouvelle génération qui pourrait permettre de gagner un temps précieux pour l'assemblage des futures stations spatiales.

Il faut aussi noter que durant tout son séjour dans l'espace, il porte constamment un dosimètre mis au point par l'Agence spatiale européenne pour enregistrer les niveaux de radiation. C'est la première fois qu'une telle étude est réalisée pour connaître précisément la quantité de radiations quotidienne que reçoivent les astronautes.

Enfin, il participe aussi comme « cobaye » à l'expérience européenne *ENERGY* sur l'alimentation. Une expérience menée durant onze jours consécutifs en portant en permanence un moniteur sur son bras.

Les deux premiers jours, Thomas suit un régime strict mis au point par le CNES (Centre national d'études spatiales) en collaboration avec le chef triplement étoilé Alain Ducasse et des chercheurs de l'institut pluridisciplinaire Hubert Curien basé à Strasbourg. Un régime qui a de quoi faire saliver, puisqu'on trouve au menu du magret de canard, du bœuf bourguignon et même du homard breton ! Ensuite, durant les neuf jours restants, Thomas est libre de manger ce qu'il souhaite, mais doit noter scrupuleusement chaque aliment consommé. Pour la deuxième phase de l'expérience, les chercheurs demandent à Thomas de boire de l'eau contenant du deutérium', un isotope de l'hydrogène obtenu par la distillation de l'eau douce ou de l'eau de mer. Chaque mètre cube d'eau de mer contient 33 grammes de deutérium.

Enfin, il doit porter un masque durant des sessions de 20 à 50 minutes en restant totalement immobile pour mesurer la quantité d'oxygène absorbée. L'objectif final de l'expérience *ENERGY* à laquelle participent des astronautes depuis 2012 est d'aider les équipages à se nourrir dans les futures missions spatiales de très longue durée sans que les vivres embarqués ne prennent trop de place dans les vaisseaux de transport.

Le 30 mars 2017, Thomas Pesquet reste cette fois à l'intérieur de l'ISS durant la sortie de Shane Kimbrough et Peggy Whitson. Ce jour-là se produit un événement rarissime quand les deux astronautes laissent échapper une couverture blanche destinée à protéger la station contre les micrométéorites et les températures extrêmes. Un incident qui se produit au moment où Peggy essayait de ranger cette couverture dans un sac. L'image de cette forme blanche disparaissant peu à peu dans le noir sidéral a été largement commentée par les médias américains notamment, qui n'ont pas hésité à parler avec peut-être un peu d'exagération d'un « Blanket Gate ».

L'objet a été longuement suivi à la trace par les ingénieurs de la NASA jusqu'à ce qu'ils jugent que son orbite ne présentait aucun danger comme ils l'avaient cru juste après que l'incident a eu lieu. Il faut noter que la couverture a été presque immédiatement remplacée.

Difficile d'établir un lien de cause à effet, mais toujours est-il que quelques jours plus tard la NASA annonce le report à une date ultérieure de la troisième sortie dans l'espace, prévue le jeudi 6 avril, et à laquelle devait participer Thomas. Aucune explication précise n'a été fournie. L'astronaute français ne commente pas cette décision mais il sait que si le feu vert avait été donné par l'agence américaine, il aurait réalisé sa troisième sortie dans l'espace juste au-dessus d'une région chère à son cœur... la Normandie.

Mais là encore, pas de quoi éroder la force de caractère de Thomas que rien n'empêche de se consacrer pleinement à sa mission. Mission sur le point de s'achever.

Le 17 mai il réalise une magnifique vidéo d'une aurore boréale en *time lapse* (une série de photographies prises à intervalles réguliers) qui laisse place à un lever de soleil. Les 556 000 abonnés de son compte Twitter se régalent mais savent eux aussi que l'aventure touche à sa fin.

Le retour sur Terre est programmé pour le vendredi 2 juin avec un atterrissage à Baïkonour à 16 heures. En attendant, Thomas met la dernière main aux 56 expériences scientifiques dont il a eu la charge et publie chaque jour un message teinté de nostalgie accompagné d'un morceau de musique qui lui correspond, sur son compte @Thom_asto.

Une sorte de compte à rebours artistique qu'il veut partager avec tous ces terriens qui suivent eux aussi depuis leur salon, leur cuisine, leur chambre, leur bureau ou le coin de la rue les aventures extraordinaires d'un astronaute qui n'a presque plus de secrets pour eux.

@Thom_astro
9 mai 2017

« Dans tout juste deux semaines on sera en chemin vers la Terre avec Oleg. » et il joint un titre du chanteur folk américain Edward Sharpe et son groupe The Magnetic Zeros.

@Thom_astro
28 mai 2017

« Les yeux rivés sur la Terre à quelques jours du retour, je pense particulièrement à ma mère que j'ai hâte de revoir. Bonne fête maman ! ». Un message d'amour sans morceau musical, qui se suffit à lui-même...

@Thom-Astro
31 mai 2017. J-2

« Tiraillé entre l'envie de retrouver la Terre et celle de rester ici ». Il joint le morceau Singit back du groupe Swing Republic.

Quelques jours avant le grand départ, Thomas est interrogé en direct sur une radio française par un interlocuteur illustre dont il ne connaissait pas la passion pour l'espace : le couturier allemand Karl Lagerfeld. Thomas plaisante d'abord sur le look « polo/pantalon avec bandes velcros » des astronautes avant que le styliste confie qu'il l'envie de pouver rester en chaussettes toute la journée.

Le styliste s'inquiète aussi des dispositifs spéciaux pour que les astronautes puissent se doucher ou prendre un bain. Thomas explique alors que la toilette se fait avec des lingettes et que forcément le bain et la douche sont impossibles en apesanteur. Une dernière question de Karl Lagerfeld porte sur la propreté de la station. Thomas le rassure sur le fait que l'environnement est parfaitement *clean* car l'équipage procède à un nettoyage de fond en comble de la station chaque samedi. Il résume sa vie quotidienne sur l'ISS par cette formule :

— C'est un univers sous contrôle et je ne suis pas sûr que ce sera la même chose en revenant sur Terre.

8

Retour sur Terre

Vendredi 2 juin. L'inéluctable moment du départ a sonné. Pour Thomas Pesquet et Oleg Novitski, c'est le moment de dire au revoir à leur camarade Peggy Whitson avec qui ils avaient fait le voyage aller au mois de novembre.

Après 196 jours passés dans la station, ils partent et elle reste, prolongeant de trois mois sa mission. Les derniers mots du dernier chapitre de son carnet de bord laissent entrevoir son état d'esprit avant de fermer la porte du *Soyouz* pour regagner la planète bleue :

— Avec Oleg, nous serons dans la capsule comme à l'intérieur d'une étoile filante.

Les trois astronautes se serrent fort dans les bras. L'émotion est palpable malgré les sourires. Contrairement à l'aller, ils mettent eux-mêmes leurs scaphandres *Sokol* avant de se glisser dans la capsule *Soyouz*. Un dernier geste de la main avant de se placer de nouveau en position fœtale l'un à côté de l'autre. Les crochets qui maintiennent le *Soyouz* au flanc de la station spatiale s'ouvrent et des ressorts écartent lentement l'engin de l'ISS. Le *Soyouz* largue ses amarres.

Six minutes après le début de la manœuvre - qui doit durer au total 3 heures 30 jusqu'à l'atterrissage - le vaisseau russe a parcouru 500 mètres environ dans le noir sidéral. Il est suffisamment loin de la station spatiale pour que ses petits moteurs d'appoint soient actionnés durant une quinzaine de secondes afin de l'éloigner encore un peu plus de l'ISS. Le vaisseau est placé sous son orbite de rentrée, et 2 heures 30 plus tard, la propulsion principale est enclenchée. Les moteurs sont activés durant 5 minutes pour ralentir de 450 kilomètres heure la vitesse orbitale du *Soyouz* de 28 000 kilomètres heure. Cela paraît peu mais c'est suffisant pour que le Soyouz descende cette fois vers la Terre.

Une fois à 140 kilomètres d'altitude, la capsule du milieu où se trouvent Thomas et Oleg se sépare des autres modules. Quelques minutes plus tard, la capsule protégée par un bouclier thermique commence à se frotter contre les couches de l'atmosphère. La chaleur frôle les 1 600 degrés. Il reste à cet instant un quart d'heure avant l'atterrissage.

Les parachutes se déploient à 10 000 mètres d'altitude. Deux petits s'ouvrent avant un troisième beaucoup plus grand. La vitesse de descente chute de 800 kilomètres heure à 285 kilomètres heure d'un coup.

Ensuite à 8 500 mètres du sol, c'est au tour de l'immense parachute blanc et rouge de 1 000 m^2 de s'ouvrir. Cette fois, la capsule est immédiatement freinée pour une vitesse de descente de 22 kilomètres heure. Mais elle est brinquebalée dans tous les sens durant une bonne trentaine de secondes avant de se stabiliser enfin.

À 5 500 mètres, le bouclier thermique est éjecté et les réservoirs d'oxygène et de carburant sont purgés. Dans le même temps, les sièges d'Oleg et de Thomas se redressent pour tendre un amortisseur. Les deux hommes voient l'immense étendue de la steppe kazakhe se rapprocher d'eux à travers les hublots du *Soyouz*. Ils distinguent aussi l'impressionnant déploiement de camions prêts à intervenir autour du point prévu d'atterrissage. Pendant ce temps, à Toulouse au siège du CNES où s'est rendu tout spécialement Emmanuel Macron pour vivre lui aussi en direct l'événement, chacun retient son souffle en fixant ce parachute qui descend inexorablement.

Juste avant de toucher le sol, alors qu'il reste un mètre avant le contact avec la terre, les six rétrofusées s'allument et donnent tout ce qu'elles peuvent. Le contact avec le sol se fait à 5 kilomètres heure. En douceur. Le *Soyouz* se pose enfin dans un nuage de poussière et de fumée. Il est 16 heures 10 et Thomas Pesquet signe la fin d'un voyage spatial de 196 jours.

Les caméras tournent dès que les deux hommes sont installés sur des transats au pied du *Soyouz*. Coiffés tous les deux de leurs casquettes, ils sourient malgré des traits tirés et une certaine pâleur du visage, notamment pour Thomas qui semble un peu plus fatigué que son camarade Oleg. Un membre de l'équipe d'intervention s'empresse de lui tendre un téléphone satellite. Il peut enfin rassurer sa compagne et sa famille.

Cet heureux messager, c'est Romain Charles. Un ingénieur français qui, en 2010, a passé 520 jours dans un module de la grandeur d'un bus pour l'expérience *Mars 500* visant bien sûr à préparer un éventuel voyage vers la planète rouge. C'est donc lui qui se tient aux côtés de Thomas pendant qu'il donne des nouvelles aux siens et qu'il converse ensuite en direct *via* un autre téléphone avec le président de la République qui ne quitte pas des yeux les écrans de contrôle.

Emmanuel Macron

Allo… Bonjour Thomas, Bravo ! Bravo…
On est tous très fiers de vous.

Thomas Pesquet

Merci, Monsieur le président. C'est gentil. Merci.
C'est gentil d'avoir pris le temps d'assister à ce retour.

Emmanuel Macron

Bon, comment vous vous sentez ?

Thomas Pesquet

Ça va très bien, je me réhabitue doucement à la gravité. Tenir ce téléphone est la chose la plus difficile que j'ai eue à faire depuis six mois. Mais on est super bien entourés ici par l'équipe qui nous a récupérés.

Emmanuel Macron

Vous nous avez fait rêver pendant ces six mois avec vos images et vos tweets. Vous avez coché toutes les cases et je crois que vous ne réalisez peut-être pas combien vous nous avez inspirés durant tous ces mois.

Thomas Pesquet

Mon but était de partager ces moments avec le plus grand nombre et tant mieux si je peux susciter des vocations et des carrières scientifiques !

Le dialogue se termine par une salve d'applaudissements. Ensuite, comme le veut la tradition russe, Thomas pose sa signature sur la tôle du Soyouz. Il respire à plein poumons l'air de la steppe où se mêlent le parfum de l'herbe mouillée et les effluves des savons et des déodorants qui émanent de tous les hommes et femmes qui se pressent autour de lui.

C'est ce qu'il confiera juste après cette arrivée spectaculaire en parlant non seulement de son odorat aux capacités démultipliées mais aussi de sa vue « victime » d'une overdose de couleurs à laquelle il ne s'attendait pas.

Ensuite il est transféré, toujours assis sur son fauteuil et encore vêtu de sa combinaison, vers des véhicules de transport. Impossible pour lui et Oleg de marcher. Le retour à la gravité peut se traduire par des pertes d'équilibre. Thomas racontera plus tard qu'il avait la sensation que chacun de ses membres pesait plusieurs tonnes tellement il avait du mal à les mouvoir. Après une première série d'examens médicaux, Thomas embarque dans un avion spécial pour Cologne au Centre d'entraînement des astronautes.

Une fois en Allemagne, Thomas récupère doucement. Pendant une bonne douzaine d'heures, il a du mal à tourner la tête et ressent des vertiges quand il se déplace. Au même moment, son camarade Oleg subit à Moscou une batterie de tests physiques éprouvants, malgré son état sensiblement identique à celui de Thomas. Notamment le test du rameur. Il s'agit pour les chercheurs d'observer et de comprendre les réactions du corps immédiatement après de longs mois dans l'espace. Grâce à cet ultime effort de l'astronaute russe, un périple vers Mars sera peut-être possible un jour.

Vingt-quatre heures après son retour sur Terre, Thomas a récupéré toutes ses sensations physiques et capacités motrices. Le 6 juin, il donne sa première conférence de presse depuis Cologne et il explique que sa mission n'est pas encore terminée. Il se positionne déjà pour un nouveau séjour spatial quelques minutes à peine après ses premiers mots au micro devant les journalistes. Il se confie aussi sur le sentiment qu'il éprouve en pensant à ceux qui sont restés dans la station et qu'il a l'impression d'avoir abandonnés :

— Je me dis qu'ils vont devoir se répartir ma part de boulot et ça m'embête. Je n'aime vraiment pas ça.

Décidément, rien n'arrive à bout de son esprit d'équipe et de son indéfectible énergie !

Pêle-mêle durant une heure il revient aussi sur les différentes expériences qu'il a réalisées dans son labo et évoque aussi les centaines de questions d'enfants auxquelles il a répondu durant son séjour. Il en évoque une, en particulier, à laquelle il n'a pas trouvé de réponse :

— Si quelqu'un meurt dans la station, vous faites quoi ?

Thomas Pesquet avoue que durant ses sept années d'entraînement, il ne s'était jamais interrogé sur le sujet, et manifestement, les instructeurs non plus.

— Je crois que personne n'aime trop parler de ces choses-là, mais je me suis renseigné depuis, et il existe des procédures, lance-t-il en gardant le mystère.

Quinze jours plus tard, il prend son premier bain de foule depuis son retour en se rendant au Salon du Bourget dont il est l'invité d'honneur. Comme d'habitude il s'avance vers le public dans sa combinaison bleue, et tend ses lunettes noires à un ami juste avant de monter sur scène. Il raconte son expérience et l'étrange réadaptation à laquelle il doit faire face.

Dans l'ISS, le monde lui apparaissait comme virtuel, mais depuis son retour, au contraire, il ressent les choses avec plus de force. Le monde est trop *présent*… Il n'a qu'une envie : retourner dans l'espace. Les spectateurs sont conquis et boivent ses paroles. Quand un enfant lui demande de combien de centimètres il a grandi durant son séjour spatial il répond trois centimètres et demi, mais regrette l'interruption de cette croissance « extraterrestre », lui qui a toujours rêvé d'être un grand basketteur ! Il termine sa réponse en expliquant que, de toute façon, il a retrouvé sa taille normale quelques jours après son retour sur terre, soit 1 mètre 84.

En août 2017, il prend enfin quelques jours de vacances dans les Hautes-Alpes à Serre-Chevalier. Au mois de mars il avait publié une magnifique photo du domaine skiable depuis l'espace en expliquant qu'il ne voyait pas pourquoi il ne pourrait pas faire la promotion de sa station favorite.

Cinq mois plus tard, il publie une nouvelle photo. Cette fois, face à l'objectif, il écarte les bras, les montagnes en arrière-plan, et écrit cette légende sur son compte Twitter : « Ascension difficile pour moi ! La gravité se rappelle à mon bon souvenir ! » Il conclut en soulignant qu'il a escaladé un sommet à 3 000 mètres car il veut reprendre en douceur...

Au programme de ce séjour montagnard en famille aux côtés d'Anne et de quelques amis proches, du VTT sur les chemins et des jolies randonnées en altitude sous le ciel bleu.

Visiblement la remise en forme avec des coachs, des médecins et des kinés en Allemagne a porté ses fruits. Thomas a même reçu le feu vert d'un neurologue pour recommencer à conduire sa voiture.

En cette fin d'été 2017, la mission *Proxima* est officiellement terminée et Thomas inaugure le 5 octobre sa propre chaîne YouTube baptisée *Thomas Pesquet, ESA Astronaut.* Elle s'ajoute à ses réseaux sociaux qui sont suivis par une foule gigantesque de passionnés : 1,4 million d'abonnés sur Facebook et 720 000 sur Twitter. 5 ans plus tard, ces chiffres seront quasiment multipliés par deux lors de son deuxième voyage spatial.

Quelques jours après le lancement de sa chaîne, il retrouve la Normandie qu'il a photographiée à de multiples reprises depuis l'ISS. Le 11 octobre, il va mesurer sa popularité croissante en participant à une conférence-débat au Zénith de Rouen. 8 500 fans, des jeunes en majorité, chauffés à blanc l'accueillent comme une star du rock dès qu'il monte sur la scène dans sa combinaison bleue. Il est accompagné par son partenaire russe Oleg Novitski.

Thomas revient longuement sur son enfance dans la région et sa scolarité qui lui a ouvert le chemin vers son rêve. Il a cette réponse quand une jeune femme lui demande s'il était le meilleur de sa classe :

— Je n'étais pas spécialement brillant mais j'étais vachement travailleur. Je n'avais pas forcément des notes formidables mais par contre je travaillais. J'étais parmi ceux qui travaillaient le plus.

Il prend à témoin son prof de maths de l'époque qui acquiesce, un large sourire aux lèvres. Il découvre tous les visages de ceux qui l'ont suivi sans relâche tout au long de son aventure. C'est un soir de fête et de partage. Aucun autre astronaute français auparavant n'avait autant été porté en triomphe durant la jeune histoire spatiale tricolore. Et afin de sceller définitivement ce pacte qui le lie désormais à son public, il propose à la salle de réaliser un selfie et d'envoyer la photo aux membres de la station spatiale.

Il est 20 heures 17 ce soir d'octobre 2017... des milliers de drapeaux rouges portant les deux léopards en or en effigie[1] s'agitent frénétiquement dans la salle du Zénith, et une clameur s'élève quand Thomas prend la photo avec cette foule joyeuse derrière Oleg et lui. L'instant est vécu en direct par les astronautes de la station spatiale grâce à la retransmission de la chaîne YouTube de la région Normandie.

1. Le drapeau rouge à léopards est le symbole de la Normandie.

Puis Thomas répond ensuite à un flot de questions pendant que l'interprète traduit toutes ses réponses à Oleg qui avouera ensuite sa surprise d'avoir vu autant de monde pour les fêter en France. La dernière question est posée à Thomas par un élève de troisième. Ce dernier annonce à l'astronaute français qu'il est devenu son héros et voudrait savoir qui est son héros à lui. Thomas regarde la salle et répond simplement « Il est dans la salle, c'est mon papa ! ». Le Zénith applaudit à tout rompre avant le bouquet final de cette soirée.

Trois bouts de chou de l'école élémentaire Jean Monnet de la petite ville normande de Tôtes se présentent avec un micro au pied de la scène devant Thomas et Oleg et leur dédient une chanson à leur gloire :

— ...Attention au départ, il va décoller... solidement harnaché dans sa fusée... Thomas Pesquet et ses équipiers...

L'exaltation de la salle monte encore d'un cran avant que Thomas et Oleg saluent les spectateurs. Thomas reste sur la scène de longues minutes, accompagné par le son électro d'un duo de DJ normands pour signer des autographes. Le lendemain, tous les médias français relaieront ces images de liesse dans leurs journaux télévisés.

Le lendemain matin, Thomas se rend à Dieppe au lycée Ango où il avait passé son bac. Les élèves se pressent dans une grande salle qui était autrefois la cantine où Thomas venait déjeuner. Les moins chanceux collent leur nez aux vitres et tendent l'oreille pour écouter les réponses de l'ancien élève de terminale scientifique. Une, notamment, provoque un éclat de rire général quand une élève lui demande ce qui se passe pour un astronaute lorsqu'il est pris d'une envie d'éternuer. Thomas est surpris !

— C'est marrant, mais j'ai jamais essayé de faire un truc comme ça. En fait, je pense que ça te propulse. C'est action réaction !

Comme à son habitude, il explique aussi aux jeunes les raisons de son engagement dans la conquête spatiale. Pour lui, il est lié à l'espoir d'une vie meilleure sur Terre et à un besoin vital de la protéger. Après presque une heure de questions réponses, pas de chanson pour dire au revoir mais deux lycéens qui lui font un cadeau : des photos de lui sur le trombinoscope de l'établissement scolaire dieppois en 1996.

« Oh la vache ! » s'exclame-t-il en découvrant les clichés. « On a le droit de les brûler ces photos ? ». La salle éclate de rire. Il se replonge dans les photos jaunies par le temps et conclut :

— Je crois que l'on peut se dire qu'on avait un style aussi mauvais que le vôtre, aujourd'hui !

Il découvre aussi certains de ses bulletins de notes archivés par son ancien professeur de maths :

— Le premier trimestre c'était poussif mais après c'est mieux non ? lance un Thomas plein d'espoir à l'attention de son ancien prof qui lui fait face.

Puis comme le veut la tradition, Thomas fait un selfie avec tous les élèves derrière lui avant d'offrir au proviseur du lycée Ango, un écusson de la mission *Proxima* mis sous cadre. C'est un morceau d'étoffe que Thomas a porté sur sa combinaison durant toute la durée de son séjour spatial.

Juste avant de quitter le lycée où il a passé de nombreuses heures durant son adolescence normande, il regarde une dernière fois les élèves avant de prendre la parole face à ces centaines de jeunes enthousiastes :

— Les grandes aventures commencent toujours quelque part. Moi c'est ici qu'elle a commencé.

Pour Thomas l'aventure spatiale a aussi Toulouse pour origine, et quelques jours plus tard il se rend dans la ville rose pour participer à un événement pour le moins singulier : une réunion de la très officielle Association des explorateurs de l'espace. Elle regroupe 400 hommes et femmes venus de 37 pays qui ont toutes et tous un point commun extraordinaire : ils ont réalisé au moins un vol en orbite autour de la Terre à plus de 100 kilomètres d'altitude. Cette fois, ils sont une centaine à avoir fait le déplacement pour leur congrès annuel mondial.

Thomas fait donc son entrée àdans ce club unique au monde. Il confie à des journalistes que l'association lui a simplement demandé par e-mail, lorsqu'il était dans la station spatiale, s'il accepterait d'y prendre place. Il leur a répondu « oui » tout de suite et sa carte de membre a été validée !

Après quatre jours d'échanges avec ses pairs, Thomas quitte le Sud et met à nouveau le cap sur la Normandie.

Impossible pour lui de ne pas faire un crochet vers un autre lieu d'enfance chargé d'émotions et de souvenirs : Auffay. Il revient dans son village le vendredi 8 novembre 2017 pour une journée mémorable. La seule condition à sa venue qu'il a formulée auprès du maire qu'un maximum d'enfants soient présents. Autant dire que le challenge a été facile à relever tant l'annonce de sa venue a suscité enthousiasme et impatience. Cette fois, il pénètre dans l'hôtel de ville en tenue civile. Pantalon marron et anorak bleu marine sous lequel il porte tout de même le polo de l'Agence spatiale européenne.

Juste avant de se mettre en route vers le jardin public qui portera bientôt son nom, il s'adresse aux officiels venus le saluer et leur lance une de ces formules dont il a le secret :

— Dans la vie, il faut avoir des racines et des ailes !

Ensuite, il marche quelques minutes vers le jardin public où il a joué tant de fois lorsqu'il était gamin. À l'entrée, il s'arrête et saisit fièrement la corde reliée à la couverture qui cache la plaque « jardin public espace Thomas Pesquet ». Puis il coupe le ruban bleu blanc rouge à l'entrée du jardin public avant de prononcer un discours bien senti, comme d'habitude. Il improvise entre émotion et humour quelques mots devant une foule dont il reconnaît des visages croisés il y a longtemps :

— Je pense aux années heureuses que j'ai passées ici à l'école puis au collège. Je pense à tous ces instituteurs et institutrices que j'ai eu la chance de croiser et dont certains ne sont malheureusement plus là. Je remercie tous ces hommes et toutes ces femmes parce que j'ai eu l'impression de recevoir beaucoup. Il se trouve que mes parents étaient aussi dans l'Éducation nationale, mais j'espère que ce n'est pas que pour cela que j'ai eu des bonnes notes !

Après ce tourbillon de rendez-vous médiatiques, de bains de foules, de conférences et de retours aux sources, la popularité de Thomas prend une nouvelle dimension en cette fin d'année 2017. Il fait son apparition dans la liste des 50 personnalités préférées des Français.

Dans ce classement dominé cette année-là (et les suivantes aussi !) par Jean-Jacques Goldman et Sophie Marceau, Thomas Pesquet se retrouve directement à la 33e place entre le 32e , Matt Pokora et le 34e , un certain... Emmanuel Macron !

Dans ce contexte, et pour finir l'année sur une note encore meilleure si cela est possible, il est invité avec plusieurs astronautes français par le chef Alain Ducasse pour un repas de gala dans le restaurant Jules Verne qui se trouve au premier étage de la tour Eiffel. Autour de la table se retrouvent plusieurs générations d'explorateurs de l'espace.

Leur parcours respectif illustrent parfaitement l'excellence française dans le domaine de la conquête spatiale depuis un demi-siècle.

Claudie Haigneré et son mari Jean-Pierre. Elle est restée 16 jours dans l'espace en 1996 à bord de la station orbitale russe *Mir*. En 2001 c'est la première astronaute française à bord de l'ISS. Son mari Jean-Pierre Haigneré a participé à deux missions dans la station *Mir* en 1993 et 1999. Il totalise 189 jours passés dans l'espace avec en prime une sortie extra-véhiculaire.

Michel Tognini a participé à la mission *Antarès* du 27 juillet au 10 août 1992 puis du 22 au 27 juillet 1999. Depuis 2005 il dirige le Centre européen des astronautes à Cologne.

Autre convive autour de la table : Jean-François Clervoy. Il totalise 675 heures passées dans l'espace et il a volé deux fois à bord de la navette spatiale américaine *Atlantis* en 1997 et 1999.

Enfin, comment ne pas évoquer celui qui restera à tout jamais le premier : Jean-Loup Chrétien. En 1982, ce colonel de l'armée française réussit le double exploit de s'envoler avec un équipage russe ou plutôt « soviétique » à l'époque et de permettre à des journalistes et des équipes de télévision européennes de découvrir la base de Baïkonour jusque-là tenue secrète. Tout cela en pleine guerre froide avec les États-Unis. Lui, le pilote de chasse qui s'était préparé des années à combattre dans le ciel les Soviétiques se retrouvait parachuté dans une capsule *Soyouz* avec deux cosmonautes de cette même armée soviétique dans le but commun d'atteindre les étoiles.

40 ans séparent Thomas de Jean-Loup Chrétien qui est né en 1938 à La Rochelle. Son décollage de Baïkonour a eu lieu en juin 1982. Thomas n'avait alors que 4 ans. Jean-Loup est le tout premier Français a effectuer un vol habité du 25 juin au 2 juillet 1982.

Ce véritable événement pour les passionnés de l'histoire spatiale n'a pourtant pas fait grand bruit auprès de la population, et l'événement a été réduit à quelques mots et relégué à la fin du journal télévisé d'Antenne 2, le 25 juin. Les questions posées par le journaliste scientifique à l'astronaute français en ce jour pourtant historique paraissent aujourd'hui totalement surréalistes et l'on voit mal Thomas Pesquet subir le même genre d'interview, bien que ce dernier répondrait sans doute poliment...

Journaliste

Jean-Loup, vous avez les joues gonflées
c'est le bonheur de l'espace qui vous donne ça ?

Jean-Loup Chrétien (entouré par trois astronautes russes casques sur les oreilles)

Non, c'est le fait d'être en orbite.

Journaliste

Jean-Loup, il pleut sur Paris, mais vu de l'espace,
est-ce que c'est beau et bleu ?

Jean-Loup Chrétien

Tout ce qu'on m'avait dit jusqu'à présent dans
mon entraînement ne vaut pas le spectacle
que j'ai sous les yeux ; c'est fabuleux !

Vient enfin LA question que tout le monde attend :

De toutes les expériences que vous avez menées dans
l'espace, quelle est celle qui aura des répercussions
dans notre vie de tous les jours ?

Jean-Loup Chrétien commence à répondre deux mots avant d'être coupé et que l'on retrouve la présentatrice Christine Ockrent sur le plateau. Elle aura ce commentaire désarmant avant d'enchaîner sur les résultats du tiercé pour conclure son journal :

« On l'entend mal, mais il est loin ! »

En fait, l'expérience la plus importante menée par Jean-Loup Chrétien avait pour nom de code *Posture*. C'était une étude des effets de l'apesanteur sur l'équilibre. Pas vraiment destinés au grand public, ses résultats ont néanmoins permis aux scientifiques de faire avancer la recherche pour les nouvelles générations d'astronautes qui allaient prendre le relais au fil des années.

Mais retournons dans le restaurant Jules Verne de la tour Eiffel pour explorer le menu qui attend les convives autour de la table. Cette fois, dans les assiettes, pas de sachets lyophilisés ni le moindre plat déshydraté mais des voluptueuses et charnues noix de saint-jacques dorées à la crème de laitue suivies de caviar puis d'une belle volaille jaune des Landes truffée. Tout cela accompagné par des grands vins rouges et blancs des meilleurs vignobles *made in* France.

Pour résumer l'ambiance de ce déjeuner d'astronautes, le chef étoilé aura cette formule :

— Ils étaient comme des enfants qui regardent les montagnes depuis les vitres d'un bus.

En janvier 2018, bien décidé à rester plus actif que jamais sur la terre ferme, Thomas Pesquet annonce qu'il rejoint l'équipe des pilotes de l'Airbus « Zero-G » basée à Mérignac en Gironde.

Cet avion construit à Toulouse sur les chaînes de fabrication d'Airbus est sorti de son hangar en 1989 après son achat par une compagnie aérienne de l'Allemagne de l'Est. Mais le bouleversement politique de l'Allemagne et l'effondrement du mur de Berlin scellent la fin de cette compagnie dont le nom était Interflug. Le nouvel État de l'Allemagne réunifiée décide alors d'acheter l'Airbus A310. Il devient le « Air Force One » allemand destiné à transporter la chancelière Angela Merkel dans ses déplacements officiels.

En 2014, l'Allemagne remplace l'Airbus officiel par un autre appareil, et Novespace, une filiale du Centre national d'études spatiales, décide à son tour de l'acheter en échange de son ancien Airbus A300 qui servait jusqu'alors aux prémices des vols paraboliques depuis 1986.

Le concept reste le même : recréer les conditions de l'apesanteur pour les passagers durant plusieurs séquences d'une vingtaine de secondes. L'ancien astronaute Jean-François Clervoy est à la tête de cette société dont la notoriété ne cesse de croître auprès des passionnés de sensations fortes. Comme dans un club de football qui fête l'arrivée d'un grand joueur à l'issue d'un transfert, celle de Thomas Pesquet sur le tarmac de Mérignac ne passe pas inaperçue.

Avant de prendre les commandes, Thomas doit d'abord suivre durant un mois, une formation à Toulouse sur un simulateur pour le pilotage de l'A310 car jusqu'alors il ne pilotait que des A320, puis un second apprentissage en parallèle consacréexclusivement au vol parabolique.

Le 16 février, il participe à son premier vol en tant qu'observateur dans le poste de pilotage puis le 19 février, il prend les commandes pour quatre jours de navigation. l'Airbus Zero-G nécessite en fait la présence permanente de trois pilotes dans le cockpit. C'est le seul vol dans lequel un trio de pilotes dirige un même appareil.

Le premier doit piloter « vers l'avant », le deuxième doit veiller au maintien latéral de l'appareil et enfin le troisième a pour mission de mettre les gaz. L'avion s'élève dans le ciel avec un angle de 47° et une force de 1,8 gramme s'exerce alors sur les passagers qui pèsent donc 1,8 fois leur poids. Ce chiffre correspond exactement à celui de l'accélération au décollage que ressentent les astronautes de la fusée *Soyouz*. Dès que l'angle est atteint, l'avion réduit les gaz et tout ce qui se trouve à l'intérieur est en situation de chute libre.

L'appareil enchaîne 15 manœuvres en forme de paraboles à intervalles réguliers. Cette technique de pilotage unique au monde est peu enseignée dans les écoles d'aéronautique, mais Thomas, comme à son habitude, apprend vite, et lors d'un vol commercial où chaque passager a payé sa place près de 6 000 euros, il se fait remplacer dans le cockpit, pour rejoindre la cabine protégée par un épais capitonnage et goûter de nouveau aux sensations de lévitation du corps pendant quelques secondes.

« Ça m'avait manqué ! », lance-t-il en gratifiant les journalistes présents d'un large sourire.

Ces quelques mois où il travaille en Gironde lui permettent aussi de passer du temps avec une partie de sa famille puisque son frère aîné Baptiste vit dans la région.

Au mois de mai, Thomas retrouve la ville de Cannes. Cette fois ce n'est pas pour une visite de l'usine Thales où il a passé pas mal de temps lorsqu'il était plus jeune, mais en tant qu'invité du Festival de Cannes. Il vient présenter *16 Levers de Soleil* un documentaire réalisé par Pierre-Emmanuel Le Goff. Un titre qui s'explique par le nombre de fois où la station spatiale fait le tour de la terre chaque journée. Le film est un dialogue entre l'astronaute et l'œuvre de l'écrivain-aviateur d'Antoine de Saint-Exupéry dont Thomas a emmené tous les livres réunis sur sa tablette numérique.

Des séquences vidéos à couper le souffle et une bande-son signée du saxophoniste de jazz, Guillaume Perret viennent illustrer cette œuvre onirique.

Thomas est invité dans de nombreuses émissions sur la croisette et notamment par la chaîne Canal+. Perché sur le toit de l'hôtel Martinez, il explique à Michel Denisot qu'il n'est pas vraiment dans son élément à Cannes, mais qu'il est toutefois heureux de découvrir cet univers, même si le sien d'univers, s'écrit avec une majuscule. Il a hâte de renouer avec son métier : astronaute.

En tous les cas, il présente son film avec enthousiasme, et pour une fois il a troqué sa combinaison bleue contre le smoking et le nœud papillon réglementaires pour gravir les marches du Palais des Festivals, sur le tapis rouge qui se déroule devant lui et sous les flashs des photographes. Le documentaire est projeté hors compétition, même si la sélection officielle semble s'être donné le mot pour faire honneur avec le dernier film de la saga *Star Wars,* « Solo » et la projection du monument cinématographique visionnaire, *2001, L'Odyssée de l'Espace* de Stanley Kubrick. Le film fête, cette année-là, le quarantième anniversaire de sa sortie en salles. Et quarante ans, c'est aussi l'âge de Thomas Pesquet !

Les festivaliers en quête de sensations fortes peuvent aussi se mettre dans la peau de l'astronaute français grâce à un espace de réalité virtuelle. Il a prêté sa voix à une séquence de décollage et d'arrivée dans l'espace que l'on peut vivre en mettant un casque sur la tête.

Mais pour Thomas, il est grand temps de remiser le smoking sur un porte-manteau et de reprendre le cours de sa vie « normale ». Quinze jours après son passage sous les *sunlights* de Cannes, il est invité par un établissement scolaire à Pithiviers dans le Loiret. Le lycée des métiers Jean de la Taille est le seul lycée professionnel de France à avoir un partenariat avec le Centre national d'études spatiales.

Les élèves ont réalisé de nombreuses expériences en lien avec le séjour de Thomas dans l'ISS. Ils ont notamment construit une cloche sous vide pour étudier la gravité. Ce jour-là, après avoir échangé longuement avec les lycéens, leur répétant qu'il fallait qu'ils croient en leurs rêves et que rien n'était joué d'avance ; que tout pouvait s'obtenir à force de travail et de persévérance, il a inauguré un bâtiment composé d'une salle de sport et d'une salle polyvalente qui porte désormais son nom.

Au début du mois d'avril 2018, l'Agence spatiale européenne lance une série d'expositions photographiques à travers toute la France, en regroupant le meilleur des milliers de clichés pris par Thomas durant son séjour.

On peut ainsi découvrir 80 photos sur le front de mer à Calais ou bien encore une dizaine dans l'abbaye royale de l'Épau, aux portes du Mans dans la Sarthe. Bref, Thomas est absolument partout, y compris dans les librairies avec son livre *Terre(s)* de 320 pages avec trois éditions bleues, blanches et rouges dont tous les droits d'auteurs sont directement versés aux Restos du Cœur. Un mois auparavant, il avait publié *100 photos pour la liberté de la Presse* au profit de l'association Reporters sans frontières.

Cette passion pour la photo s'inscrit dans sa volonté farouche de partager avec le plus grand nombre chaque moment qu'il a passé dans l'espace.

Pour réaliser ces véritables tableaux de la Terre vue du cosmos, il utilise d'abord un logiciel de navigation pour savoir exactement au-dessus de quelle ville il se trouve. Ensuite, son poste d'observation privilégié est la Cupola. Depuis ce module qui permet une observation panoramique, il peut déclencher à tout moment une photo.

D'ailleurs les appareils restent en permanence dans ce secteur pour éviter de rater une photo lors d'un survol particulier d'un point du globe. Thomas utilise un Nikon D4S avec une large palette d'objectifs. Son préféré est le téléconvertisseur 1,4. Il lui permet de faire une photo la plus précise possible malgré la vitesse folle de l'ISS qui passe au-dessus de nos têtes, rappelons-le, à presque 28 000 kilomètres heure !

Il faut ensuite croiser les doigts pour que le ciel soit totalement dégagé car les nuages peuvent empêcher la prise de vue. Durant les 196 jours de son séjour, il ne compte pas le nombre de fois où il est resté durant des heures dans la Cupola pour prendre des photos de la Terre.

Un de ses clichés préférés, pris lors de ce séjour, est une vue de Dieppe, la ville où il a grandi. La photo est d'une netteté bluffante et l'on distingue son ancien lycée Ango juché sur des falaises qui surplombent la mer d'une magnifique teinte turquoise.

Si Thomas a régalé les terriens en leur offrant chaque jour des séries de photos toutes plus incroyables les unes que les autres, il leur a aussi offert dans une moindre mesure quelques notes de musique grâce à son saxophone alto ! Au départ pourtant, il n'était absolument pas sûr de pouvoir le prendre avec lui pour son séjour spatial. D'ailleurs il est resté dans sa housse et sur notre bonne vieille Terre quand son *Soyouz* a décollé. Il était totalement impossible qu'il le place dans ses affaires personnelles à cause de son poids proche de 2,4 kilos. Or, rappelons que le maximum réglementaire fixé pour un bagage personnel d'un astronaute dans la station spatiale ne doit pas dépasser 1,5 kilo. Pendant presque 4 mois, il n'a donc pas pu jouer de son instrument fétiche jusqu'à ce qu'Anne, sa compagne, décide de le lui envoyer en secret avec la complicité de la NASA, *via* un cargo ravitailleur pour son anniversaire. Dans la base de Houston, personne n'a vendu la mèche pour que la surprise de Thomas découvrant son instrument soit totale. Les ingénieurs et les techniciens qui préparent les listes pourtant codifiées jusqu'au dernier gramme des produits expédiés aux astronautes ont réussi à ne pas faire figurer l'instrument dans leurs listings.

Quand le cargo s'est arrimé à l'ISS, le 22 février et que l'équipage a récupéré toute la marchandise, Thomas est tombé nez à nez avec son vieux saxo flottant dans l'air. Pour pouvoir en jouer à nouveau, il a dû s'habituer à une nouvelle technique à laquelle il ne s'était jamais entraîné. Quand il appuie sur une touche, le saxo a tendance à s'envoler encore plus, idem pour la lanière qui le relie par le cou à l'instrument. Elle flotte aussi dans la cabine. Mais Thomas a vite trouvé la parade et a pu se remettre à jouer. Le plus souvent, il jouait dans la Cupola uniquement pour lui en regardant la Terre tourner sous ses yeux, mais parfois il osait des performances en public !

Son premier *live* est réalisé au mois d'avril 2017. Il accepte de jouer avec la fanfare de l'école SupAéro de Toulouse dont il a été membre il y a longtemps. Depuis l'ISS il joue les premières notes d'une chanson basque *La Pitxuri* avant que les musiciens étudiants lui emboîtent le pas depuis la Terre dans une ambiance digne des fêtes de Bayonne.

Quelques semaines plus tard, deuxième performance, mais dans un autre style bien que toujours en lien direct avec la ville rose. Cette fois il va jouer un morceau avec le groupe de sa jeunesse : Les Skalators.

Le groupe est né à Toulouse il y a une vingtaine d'années au sein de l'école SupAéro. Les membres sont pour la plupart des ingénieurs ou ont un lien direct avec l'aéronautique. Tous ont des surnoms spéciaux depuis la création du groupe et celui de Thomas Pesquet est Prescraie !

Le 16 mai 2017, les réseaux sociaux découvraient ce clip étonnant qui commence par Thomas flottant dans l'espace, mettant à la bouche le bec du saxo et lançant la mélodie.

Le clip a été réalisé avec une dizaine de musiciens amateurs qui se sont filmés dans différents endroits pour un produit fini plus que convenable même si personne ne se prend au sérieux. Il faut noter que parmi les musiciens, le trompettiste Nicolas Maubert, ingénieur sur la base spatiale de Kourou en Guyane et vieux camarade de Thomas, a réussi l'exploit en janvier 2018 de rallier à la rame le Sénégal à la Guyane soit 4 800 kilomètres en 42 jours (et 38 minutes).

On peut ajouter à ce chapitre « musique dans l'espace » l'association étroite entre Thomas Pesquet et le producteur de musique électronique français Yuksek. Les deux hommes qui ont le même âge ont sympathisé avant le départ de Thomas et lors de son séjour dans l'ISS, Thomas a tourné des images en lien avec un morceau composé par Yuksek.

« Live Alone » met en parallèle la vie du producteur de musique dans son petit studio d'enregistrement et celle de Thomas flottant au hasard des coursives de la station spatiale. Un clip visionné plusieurs centaines de milliers de fois dès sa mise en ligne.

Retour au mois d'octobre 2018. Thomas est invité à la Sorbonne à Paris pour la fête de la science. Il se retrouve face à 800 élèves venant des trois académies d'Île-de-France. Dans le grand amphithéâtre de la Sorbonne, Thomas échange durant une heure trente et répond notamment à une question d'une collégienne sur sa perception du changement climatique :

— J'ai pris 85 000 photos depuis l'ISS, j'en ai publié 2 500 sur les réseaux sociaux. Il y a certaines photos qui représentent certains endroits pris eux aussi en photo par d'autres astronautes avant moi. Je peux te dire que oui, on voit la fonte des glaces, oui, on voit les coupes de la forêt amazonienne, oui on voit la pollution aux embouchures des fleuves et enfin il y a des villes que je n'ai pas pu prendre en photo uniquement parce qu'elles sont trop polluées.

Mais au-delà des perspectives inquiétantes pour la planète que l'on devine dans son propos, Thomas conclut cette rencontre avec la jeunesse française par un message d'espoir sur son compte Twitter :

— Merci pour votre accueil ! Les sciences mènent à tout pour les garçons et pour les filles !

En ce début d'automne, une rumeur commence à se répandre sur un éventuel retour de l'astronaute français dans l'espace mais rien d'officiel encore.

En revanche, sa position au classement des personnalités préférées des Français change radicalement. Il est propulsé de la 33e à la cinquième place juste derrière le footballeur Kylian Mbappé, l'humoriste réalisateur Dany Boon, le comédien Omar Sy et l'indéboulonnable auteur compositeur Jean-Jacques Goldman.

Dans *le Journal du Dimanche* qui publie ce classement il réagit avec humour à son palmarès :

— Moi les ascensions, c'est mon truc !

Puis il explique qu'il est vraiment surpris et touché par cette nouvelle popularité croissante qu'il explique par son engagement pour la planète et son goût du travail. Il explique aussi au journaliste qui l'interroge qu'il rêve de retourner dans l'espace mais à aucun moment il n'évoque une date précise si ce n'est un éventuel voyage vers la Lune en 2025.

Au mois de décembre, les téléspectateurs le découvrent dans l'émission « Rendez-vous en terre inconnue » présentée alors par Frédéric Lopez. Il part à la rencontre des indiens kogis en Colombie. Une nouvelle aventure pour l'astronaute qui se retrouve durant quinze jours dans les montagnes de la Sierra Nevada de Santa Marta. Il avouait avant son départ avoir eu peur de vexer les indiens en arrivant dans leur territoire par un mot ou un geste déplacé mais au final tout se passe bien avec un rituel de bienvenue où l'on voit Thomas fermer les yeux et tendre ses mains au bord d'un torrent face au shaman kogi.

Ce dernier lui demande de rassembler toutes ses pensées négatives dans sa tête puis de les transférer dans ses mains. Thomas s'exécute. Après une trentaine de secondes dans le silence absolu, il tend ses paumes de mains vers le shaman. L'examen de passage est réussi et Thomas peut ensuite découvrir le magnifique village de huttes des Kogis à flanc de montagne. La rencontre entre ces hommes et ces femmes dont la tribu est implantée sur ces terres depuis cinq siècles est riche en émotions et en contrastes.

Thomas se retrouve parfaitement dans la philosophie de ce peuple pour qui le respect de la Terre est la priorité des priorités. Il raconte son voyage dans l'espace aux enfants incrédules et leur explique comment il parvenait à se faire à manger sans planter des légumes mais avec des plats qui ressemblaient à des bananes séchées. Une explication qui lui vaudra une moue de certains peu convaincus par cette étrange cuisine préparée dans les étoiles et où contrairement à leur terre on ne replante pas systématiquement une graine après avoir mangé un aliment.

La diffusion de cette émission au mois de décembre 2018 sur France 2 rassemble près de 5 millions de téléspectateurs et se hisse en tête des programmes les plus regardés ce jour-là.

Après ce rendez-vous en terre inconnue, Thomas prend un avion en direction du Kazakhstan et de la base spatiale de Baikonour. Il veut absolument assister au lancement d'une fusée *Soyouz* deux mois après l'échec cuisant d'un tir. En effet au mois d'octobre une capsule *Soyouz* avec à bord deux astronautes dont un russe et un américain avait dû réaliser un atterrissage d'urgence deux minutes seulement après le décollage.

Un accident rarissime puisque jamais dans l'histoire de la Russie « post-soviétique » un tel événement ne s'était produit. Heureusement Nick Hague et Alexeï Ovitchinine avaient été récupérés sains et saufs à 400 kilomètres du pas de tir de Baïkonour.

Ce 3 décembre 2018, Thomas assiste donc au lancement d'une nouvelle fusée *Soyouz* dans le cadre de l'expédition ISS 58 qui regroupe trois astronautes, le Russe Oleg Kononenko, l'Américaine Anne McClain et le canadien David Saint-Jacques. Ce dernier est un des amis de Thomas et les deux hommes ont tissé des liens forts durant leurs années d'entraînements. Lors de son séjour dans l'espace, Thomas a participé avec David à une expérience originale.

David était sur une scène de la Maison symphonique de Montréal accompagné par un organiste virtuose qui jouait de la musique pendant la conférence sur la conquête de l'espace. Puis à la surprise générale, Thomas est apparu sur un immense écran devant les 1 500 spectateurs présents dans la salle. Un dialogue de quelques minutes s'est alors installé entre les deux hommes, Thomas concluant comme d'habitude dans un sourire par la possibilité infime qu'il avait de distinguer les immenses tubes de l'orgue monumental depuis la Cupola.

Un an plus tard, les rôles sont inversés et cette fois c'est David Saint-Jacques qui rejoint l'espace et

Thomas reste les deux pieds sur notre bonne vieille terre. Mais il a des fourmis dans les jambes et l'appel de l'espace se fait de plus en plus pressant.

L'annonce officielle d'une possibilité de retour de l'astronaute français dans la station spatiale a lieu le 22 janvier 2019. Lors de la traditionnelle cérémonie des vœux à la communauté de l'Enseignement supérieur et de la Recherche scientifique, la ministre Frédérique Vidal déclare que l'Agence spatiale européenne va proposer la candidature de Thomas Pesquet pour retourner dans l'espace en 2020.

Une annonce qui intervient après une prise de position claire au tout début de l'année de Jan Wörner, directeur général de l'Agence spatiale européenne, favorable à ce que les six astronautes de la « classe 2009 » volent au moins deux fois dans l'ISS.

Même si rien n'est encore officiel, toute la France est persuadée que Thomas Pesquet va forcément repartir dans les étoiles. Il ne reste simplement que la date du départ à valider. En attendant, le 21 février 2019, il accompagne Frédérique Vidal, ministre de l'Enseignement supérieur de la Recherche et de l'Innovation, dans l'université Paul Sabatier de Toulouse. Il lance depuis la ville rose un concours national, sous l'égide du Centre national d'études spatiales, baptisé « Génération ISS » destiné aux étudiants. À eux d'imaginer des projets et des expériences que Thomas pourra tester dans l'ISS. Les trois meilleurs projets seront dévoilés à l'occasion du Salon du Bourget à Paris le 20 juin

2019 et les lauréats gagneront le droit de connaître eux aussi les sensations de l'apesanteur lors d'un vol parabolique dans l'Airbus Zero-G.

Juste après cette annonce, Thomas engage à nouveau le dialogue avec les jeunes sur la formation et l'engagement nécessaire pour réussir ses études et forcément la question sur la date de son départ lui est posée. Il répond qu'il devrait intervenir à l'horizon 2020-2021 en restant très évasif, quant au jour précis du décollage…

Le 22 mars 2019, on retrouve Thomas Pesquet en chemise blanche et cravate rayée. Pour la première fois dans sa carrière d'astronaute, il se retrouve agent de liaison au sol dans la salle de contrôle de la base spatiale de Houston au Texas. Il avait déjà occupé cette fonction à Cologne mais jamais dans le « temple » de la NASA. Lieu cultissime de l'imaginaire spatial vu et revu dans des milliers de films de science-fiction.

Son rôle est pourtant bien réel. Il supervise une sortie extra-véhiculaire de la station spatiale de deux astronautes américains Anne McClain et Nick Hague. Ils doivent sortir durant 6 heures 30 dans l'espace pour remplacer des batteries nickel-hydrogène par des batteries au lithium.

Thomas ajuste son micro casque et lance l'opération en anglais :

— Anne et Nick, ici Thomas, l'équipe est prête ici, êtes-vous prêts à passer à la section post-dépressurisation de votre aide-mémoire ?

— Bonjour Thomas et le reste de l'équipe. Nous sommes prêts, répond immédiatement Anne McClain.

Cette 214e opération de maintenance depuis 1988 est un succès. Mission accomplie pour Thomas qui reste sur place au Texas pour intensifier son entraînement en vue de l'Acte II de sa carrière d'astronaute en route pour un nouveau voyage spatial.

Il retrouve le gigantesque Building 9 de la base spatiale américaine où sont stockées toutes les reproductions des modules de l'ISS. Après toutes ces années d'entraînement intensif, il n'a pas besoin de tout réapprendre mais il goûte à nouveau tout de même aux séances de plongées et autres tests physiques draconiens. Il confie qu'il n'a jamais été aussi en forme de sa vie même s'il reconnaît aussi que le deuxième voyage ne sera pas pour autant de tout repos.

Au mois de juin, il tourne une vidéo dans laquelle il apporte son soutien inconditionnel au stade toulousain qui s'apprête à disputer un match contre Clermont en finale du championnat de France de rugby. L'astronaute, qui porte pour l'occasion un polo aux couleurs de son équipe préférée, sera comblé puisque le club de Haute-Garonne va l'emporter après un match serré.

Côté espace, c'est l'université Paul Sabatier de Toulouse qui s'illustre en remportant le concours qu'avait lancé Thomas quelques mois auparavant pour que les étudiants imaginent des expériences à réaliser dans l'espace. On peut noter un de ces projets lauréats baptisé *TETR'ISS*.

Les jeunes scientifiques sont partis du constat que lorsqu'une goutte de vin ou de café sèche sur une table, elle finit par laisser une tache en forme d'anneau. Thomas devra donc une fois dans l'espace déposer des gouttes de différents solutés sur une plaque chauffée à 30° et observer comment se déroule l'évaporation dans son labo spatial. Les données qu'il notera en apesanteur seront comparées aux résultats de la même expérience au sol.

Entre deux vols paraboliques, Thomas continue de parcourir inlassablement la France des villes et des campagnes. Au mois de septembre 2019, il est invité à Saint-Émilion en Gironde pour la proclamation du ban des vendanges. Une tradition qui annonce le début de la coupe des raisins dans le prestigieux vignoble du bordelais. Pour l'occasion il est intronisé « Pair de la Jurade » dans l'église monolithe creusée dans la pierre où les jurats se retrouvent depuis 1199. Pour l'occasion, Thomas avoue son goût pour de nombreux terroirs viticoles. Bordeaux, Bourgogne… Il apprend aussi à découvrir des vins italiens lorsqu'il se rend chez Anne, sa compagne qui est installée à Rome.

En tous les cas, ce séjour à Saint-Émilion lui permet de repartir avec quelques bouteilles qu'il pourra ranger dans sa toute nouvelle armoire à vin que ses amis lui ont offerte pour son dernier anniversaire. Quant à porter un grand cru classé dans l'espace pour le déguster en apesanteur entre astronautes, c'est totalement impossible car formellement prohibé par le règlement de la NASA. En 1985, l'astronaute français Patrick Baudry avait eu l'autorisation d'emmener dans l'espace une demi-bouteille d'un grand cru classé du Médoc, mais depuis, aucune exception à la règle n'est tolérée.

Le mardi 22 octobre 2019, à des milliers de kilomètres des vignes de Gironde, Thomas fait de nouveau sensation à l'occasion du congrès astronautique international qui se déroule durant une semaine à Washington. Lors de sa prise de parole sur l'estrade, le patron d'Arianespace diffuse une vidéo de Thomas qui parle ouvertement de son désir d'aller sur la Lune. Il s'était déjà confié sur ce sujet lors d'émissions pour la télévision et la radio mais cette fois il s'adresse directement aux décideurs du monde entier pour qu'ils entendent son message :

— J'ai toujours rêvé d'aller plus loin et plus profondément dans l'espace. J'espère vraiment prendre ma part dans cette prochaine étape.

Une intervention qui se déroule dans un contexte favorable puisque l'Europe s'est clairement positionnée pour envoyer des astronautes sur la Lune à l'horizon 2027/2028.

Le PDG d'Arianespace, Stéphane Israël, enfonce le clou en expliquant que la prochaine fusée *Ariane 6* permettrait du transport de matériel vers la Lune à partir de 2023.

Thomas conclut sa vidéo avec un message qui ne laisse aucun doute sur son attachement à la France même si à ce jour il a toujours voyagé dans l'espace avec les Russes ou les Américains :

— Imaginez l'excitation de voir un jour *Ariane 6* sur son pas de tir à quelques minutes du décollage avec le chef de mission qui annonce : bon voyage *Ariane 6*, bon voyage l'Europe, allumons cette bougie et allons sur la Lune !

Lors de sa prise de parole, Jan Wörner, le grand patron de l'Agence spatiale européenne, confirme que les Européens vont effectivement envoyer un des leurs sur la Lune, mais il ne dit pas si Thomas Pesquet sera l'heureux élu ou pas.

Quelques jours après ce coup d'éclat, Thomas Pesquet se rend au Brésil à Salvador de Bahia. Il embarque sur un des bateaux concurrents de la Transat Jacques-Vabre qui vient de boucler la célèbre course au large. Il s'agit du bateau *Intitiatives-Cœur* qui vient de terminer 7e de la Transat.

Thomas est le parrain de ce bateau qui navigue sur toutes les mers du monde au profit des enfants atteints de maladies cardiaques. Il s'est donc tout naturellement porté volontaire pour le voyage retour vers Lorient aux côtés de Tanguy de Lamotte, David Sineau et Anne-Claire Le Berre. Le voyage retour sur les vagues de l'Atlantique Nord dure deux semaines, du Brésil aux côtes bretonnes. L'astronaute marin rallie Lorient après deux semaines passées sur le monocoque de course de 18 mètres de long. Et c'est juste au moment où il s'apprête à rejoindre la terre ferme qu'il reçoit un coup de téléphone. C'est officiel, il repartira dans l'espace pour une mission de six mois ! Il sait aussi que ce décollage ne se fera pas à Baïkonour mais à Cap Canaveral. Pour le reste il ne connaît ni la date ni les détails de la mission si ce n'est son nom provisoire *Proxima 2*.

Voilà qui a de quoi lui élargir le sourire lorsqu'il arrive sur le ponton avec une barbe de trois jours et des lunettes de soleil sous le ciel bleu de Lorient. Un comité d'accueil d'une dizaine de fans habillés en astronautes, parmi lesquels de nombreux enfants, lui réserve une belle ovation.

Le 28 novembre, l'Agence spatiale européenne vote un budget record de 14,4 milliards d'euros pour financer les trois prochaines années d'exploration spatiale et confirme du même coup ce que tout le monde savait déjà : Thomas Pesquet repartira dans l'espace à l'horizon 2021.

Après les fêtes de fin d'année, Thomas démarre 2020 tambour battant en se rendant à une table ronde à l'Assemblée nationale sur invitation de la commission des

Affaires étrangères. Il explique aux députés que la date de son départ pour l'espace devrait se situer en juin et juillet 2021.

Mais sa préparation subit un coup d'arrêt avec le confinement total qui paralyse la France au début du mois de mars. Il doit reporter son voyage à Houston à une date ultérieure car tous les déplacements à l'étranger sont annulés. Durant de longues semaines, seuls les satellites et l'ISS voyagent encore au-dessus de nos têtes.

Le 16 mars, il décide donc de publier un tutoriel dans lequel il donne quelques conseils pour gérer ce confinement le mieux possible. Il faut dire qu'il a toute légitimité en la matière, lui qui a vécu ce genre de situation à deux reprises....

Pendant presque 3 minutes, il fait le tour de propre maison. Dans le salon, il conseille aux confinés de lire ou de construire l'ISS en pièces détachées ; dans la cuisine il enjoint ses abonnés à ne pas craindre de pénurie, qu'on tient très bien avec des conserves et que, comble de la chance, leur contenu leur contenu ne va pas s'envoler de leur assiette ! Dans une autre pièce il ouvre un placard et montre un duvet verticalement accroché à la porte en souvenir de son séjour dans l'espace. Il termine son tutoriel par une note sérieuse en insistant sur l'impérieuse nécessité de chacun de rester chez soi durant cette période compliquée. Il adresse enfin son salut fraternel aux personnels de santé.

Le 29 avril 2020, la France replonge dans la conquête spatiale lorsque Thomas demande à sa communauté, comme il l'avait fait pour sa première mission, des idées de noms pour sa deuxième expédition. Les propositions de ses nombreux *followers* fusent immédiatement, et une abonnée tente le coup : « Je peux venir ? Promis je touche pas aux boutons ! ».

Le mardi 28 juillet 2020, il fait une annonce sur son compte Twitter, emojis dragons à l'appui, qui va faire le tour du monde plus vite que l'ISS en orbite :

— Fin du suspense : c'est avec le *Crew Dragon* de SpaceX que je décollerai l'année prochaine ! L'entraînement a déjà débuté dans son cockpit futuriste… Il ne reste plus qu'à installer l'application « lancement » sur ces tablettes géantes.

Cette fois, même si aucune date n'est fixée, c'est sûr, Thomas Pesquet est de nouveau en route pour l'espace.

9

Thomas et le dragon

Thomas n'aurait sans doute jamais été le premier Européen à voyager vers l'espace dans la capsule *Crew Dragon* si un homme n'avait pas eu l'idée en 2002 de créer sa propre entreprise spatiale : SpaceX. Cet homme, c'est Elon Musk.

Ce dernier est né le 28 juin 1971 à Pretoria en Afrique du Sud. Surdoué de l'informatique, il réalise à 12 ans sa première affaire lucrative en vendant un jeu vidéo qu'il a inventé à un magazine spécialisé. Farouchement opposé à l'apartheid dans son pays natal, il refuse le service militaire et choisit la nationalité canadienne de sa mère pour pouvoir quitter le territoire sud-africain.

En 1992, il s'installe aux États-Unis et, après avoir obtenu plusieurs diplômes de physique et d'économie, il décide de tout arrêter en 1995 pour explorer un monde virtuel qu'il pressent comme un eldorado du futur : Internet.

Il crée sa première entreprise Zip2 qui fournit des annuaires commerciaux aux sites en ligne. 4 ans plus tard, il la revend plus de 300 millions de dollars. Il a alors l'idée d'un site de services financiers en ligne qui deviendra PayPal. En 2002, le site eBay rachète PayPal pour 1,5 milliard de dollars. Elon Musk empoche un pactole de 250 millions de dollars et décide de créer sa propre entreprise spatiale car il est convaincu que la Terre ne peut survivre que si elle part à la conquête des autres planètes. *Space Exploration Technologies,* qui deviendra SpaceX, est officiellement lancée, et personne n'avait prévu l'arrivée d'un tel extraterrestre.

Lors d'un congrès spatial qui réunissait les patrons des plus importantes entreprises mondiales de lanceurs, Elon Musk est arrivé vers eux en jean troué et leur a simplement asséné avec arrogance : « Me voilà et vous êtes morts ! », a rapporté un journaliste de Bloomberg TV qui avait assisté à cette scène surréaliste. Son usine produit les fusées *Falcon*, *Dragon* et *Grasshopper*, beaucoup moins chères que celles construites par la concurrence et qui décollent avec succès en 2006 et en 2010.

Quelques semaines avant l'annonce de Thomas Pesquet sur son futur voyage dans le *Crew Dragon* de SpaceX, Elon Musk a supervisé en personne le décollage du tout premier vol habité de sa fusée à destination de la station spatiale, deux astronautes américains à bord. Le vol est une réussite et le Dragon s'amarre parfaitement à l'ISS. Le milliardaire frappe un grand coup aux yeux du monde entier. Une prouesse économique et technologique qui a certainement motivé la NASA à faire appel à lui pour la mission confiée à Thomas Pesquet. Les États-Unis n'avaient pas organisé de vol habité depuis l'arrêt du programme de la navette spatiale en 2011, et les Russes étaient jusqu'alors les seuls à envoyer des astronautes dans l'espace avec leurs *Soyouz*.

Une révolution est en marche et elle ne s'arrête pas à la seule mais essentielle maîtrise parfaite de la technologie spatiale. En effet, Elon Musk ne s'interdit rien et il aime plus que tout casser les codes établis. Ainsi il a donné des noms particuliers à ses barges qui récupèrent en mer les étages de la fusée après le lancement dont un étonnant *Of Course I still love you* (Bien sûr que je t'aime toujours) *Just read the instructions* (Tu n'as qu'à lire les instructions) ou la dernière en date *Short fall of gravitas* (Un manque de sérieux – mais aussi un jeu de mots sur la chute des débris de fusée et la gravité).

Derrière ces noms loufoques se cachent des bijoux de technologie. Ces barges conçues comme des drones sont entièrement autonomes, et leurs pistes d'amerrissage n'ont connu aucun échec. Le goût du spectacle et de la provocation ne s'arrête pas là chez Elon Musk qui a aussi eu l'idée de dépoussiérer les tenues des astronautes. Le milliardaire a fait appel à José Fernandez, un des costumiers d'Hollywood le plus recherché par les réalisateurs. C'est à lui que l'on doit les costumes de Batman, Spiderman, Captain America ou encore Iron Man et Black Panther…

Lors des premiers essayages de ces tenues blanches et parfaitement taillées qui répondent évidemment au cahier des charges fixé par la NASA, Thomas Pesquet a confié qu'il se sentait comme dans un pyjama dans son scaphandre et qu'il aimait beaucoup les styles des grandes bottes noires qu'ils auront aux pieds lors du décollage. Quant aux mains, elles seront pourvues de gants tactiles pour permettre aux astronautes de pouvoir se servir des tablettes de bord.

Mais retour à ce mois de juillet 2020 et à l'annonce de Thomas qui est saluée par toute la presse française. Sa popularité est toujours aussi forte et au mois d'août, il se transforme le temps d'un cliché en office du tourisme tourangeau en publiant une photo qu'il avait prise dans l'espace lors de son premier séjour avec cette légende : « Peut-être certains choisiront-ils le patrimoine des châteaux de la Loire, auquel cas ils passeront sûrement par la ville de Tours. La Touraine et sa douceur de vivre ont depuis toujours été au cœur de la France. Bonnes vacances ! »

Une initiative pour la plus grande fierté des habitants qui découvrent du même coup leur cité comme ils ne l'avaient jamais vue auparavant. Thomas n'oublie personne : du Pays basque à la Bretagne, sans oublier les rivages de la Méditerranée, mais aussi les Hauts-de-France.

Au début de l'automne, il se concentre à nouveau sur sa future mission et il demande à tous ses concitoyens de l'aider à préparer sa valise avant son départ.

— Vous emmèneriez quoi à ma place ? Toutes les suggestions sont acceptées si elles sont justifiées ! lance-t-il sur Twitter.

Après ce clin d'œil à ses compatriotes qu'il continue d'associer étroitement à son aventure personnelle, Thomas reprend seul, encore et toujours, le chemin de la préparation pour sa future mission. Il retrouve Houston et sa base spatiale depuis laquelle il suit avec beaucoup d'attention le lancement imminent d'une fusée *Falcon 9*. L'enjeu est de taille pour Elon Musk car il s'agit du tout premier vol opérationnel depuis la démonstration parfaitement réussie du mois de mai 2020 et du retour sans aucune anicroche des astronautes en Floride, au mois d'août après leur séjour dans l'ISS.

Après un premier vol repoussé à cause du vent dans la nuit du 14 au 15 novembre sur la base de Cap Canaveral, la fusée décolle avec quatre astronautes à son bord, trois astronautes américains et un japonais, le

16 novembre à 19 heures 27. Thomas Pesquet, évidemment, ne perd pas une miette de l'expédition et livre son sentiment sur son réseau social Twitter :

— Le spectacle était au rendez-vous dans la nuit pour le lancement de *Crew 1*, la première expédition de 6 mois sur un *Crew dragon*. Bravo SpaceX, et une étape de plus vers notre mission : dorénavant c'est nous les prochains.

Interrogé par des journalistes d'une chaîne de télévision française le lendemain du décollage, l'astronaute n'exclut pas devenir le capitaine de sa prochaine expédition :

— J'ai déjà presque 200 jours dans l'espace. C'est quand même pas mal, j'ai appris deux ou trois choses. Je pense être dans une position où c'est peut-être à mon tour de passer mon expérience aux plus jeunes.

Aucune date précise de son futur départ n'est encore officiellement fixée, mais la perspective de voir les bandes rouges de capitaine sur sa combinaison spatiale prend forme. Une nouvelle marche gravie pour le Normand qui continue de s'entraîner sans relâche.

Le 9 décembre, il simule une panne d'électricité avec ses coéquipiers qui plonge l'ISS dans le noir. Il doit aussi se familiariser avec les nouveaux protocoles de SpaceX pour le décollage et l'atterrissage qui présentent des grandes différences avec ceux en vigueur pour les capsules *Soyouz*. La plus importante étant l'atterrissage qui sera cette fois un amerrissage dans les eaux de l'Atlantique. Les astronautes doivent pouvoir s'extraire de l'habitacle dans n'importe quelles conditions.

Il participe aussi à un exercice spectaculaire d'évacuation du Kennedy Space Center sur une tyrolienne jusqu'à un énorme char d'assaut blindé qui démarre en trombe pour le mettre à l'abri avec son équipe. Sur son compte Facebook, il publie ce jour-là une photo saisissante où l'on devine la taille du mastodonte tant les astronautes de *Crew 2* qui sont juchés sur le blindage semblent tout petits.

Le 31 décembre 2020, Thomas publie une série de photos prises lors de son séjour spatial pour souhaiter une bonne année à toutes les personnes qui le suivent sur son réseau social favori. Il pousse la précision jusqu'à les diffuser dans l'ordre de passage des pays durant l'année 2021. Il livre ce commentaire :

— Dans l' ISS, on passe 24 fuseaux horaires en 90 minutes. Difficile de fêter le nouvel an au bon moment !

Pour lui, l'année 2021 sera celle d'un nouveau départ dans les étoiles, 5 ans après son premier voyage.

10

Nom de code mission Alpha

Ce sera donc la mission *Alpha*. Durant de longs mois, *Proxima 2* tenait la corde mais Thomas attendait des Français qu'ils l'aident à imaginer une autre appellation plus originale. Le concours pour déterminer le nom de la mission passionne les internautes durant plusieurs mois. L'Agence spatiale européenne reçoit 27 000 propositions, mais une en particulier retient son attention et celle de Thomas Pesquet. Elle revient quarante-sept fois : *Alpha*. Le premier internaute à avoir suggéré la première lettre de l'alphabet grec, qui est aussi une partie du nom de l'étoile Alpha du Centaure, est une habitante de Lacanau-de-Mios en Gironde. Christelle de Larrard, passionnée d'astronomie est donc la grande gagnante du concours. Elle recevra le premier prix des mains de l'astronaute à son retour sur terre : le patch qui figure sur la manche de la combinaison spatiale que Thomas aura portée en orbite.

Quant au logo, il a été conçu au Pays-Bas par les graphistes du Centre européen de recherche et de technologie spatiale basé dans la cité balnéaire de Noordwijk. Il représente le décollage d'une fusée *Falcon 9* au milieu d'un cercle sur un fond gris. Tout autour de la fusée sont dessinés 17 petits segments de couleurs différentes. Ils représentent les 17 objectifs de développement durable fixés par l'Organisation des Nations Unies. Enfin au sommet, on retrouve le drapeau français et en arrière-plan brillent dix étoiles en hommage aux dix astronautes tricolores qui ont volé dans l'espace.

Une photo culte de ces dix hommes et femmes réunis pour la première et seule fois tous ensemble a été prise par un photographe du magazine *Paris Match* à l'occasion du Salon du Bourget en 2015. Ils sont tous et toutes habillés chacun de leur combinaison bleue de spationautes et Thomas Pesquet est au centre.

On retrouve aussi sur ce cliché historique : Michel Tognini, Philippe Perrin, Jean-Jacques Favier, Patrick Baudry, Claudie et Jean-Pierre Haigneré, Léopold Eyharts et Jean-François Clervoy.

La mission *Alpha* s'annonce une nouvelle fois riche en expériences scientifiques qui seront confiées à Thomas dont on peut citer les plus étonnantes initiées par le Centre national d'études spatiales.

Dreams

C'est un bandeau que l'astronaute français devra porter sur le front durant plusieurs nuits pour l'étude du sommeil dans l'espace.

Télémaque la pince acoustique

C'est une pince qui émet des ondes ultrasonores et qui exerce une force sur les objets sans les toucher. Thomas devra déplacer des sphères sur un parcours dans l'ISS.

Eklosion

C'est sans doute l'expérience la plus poétique dont Thomas aura la charge. Elle a été conçue par des étudiants de l'école de design de l'université Nantes Atlantique qui souhaitaient que l'astronaute fasse pousser une tulipe dans l'espace. Ce projet est finalement associé par les chercheurs du CNES à celui d'une étudiante toulousaine qui rêvait de son côté que Thomas fasse pousser la rose chère au petit prince de Saint-Exupéry. Finalement, le choix s'est porté sur des œillets d'Inde. L'astronaute devra planter 5 graines dans une capsule spéciale d'une quarantaine de centimètres de hauteur et 18 centimètres de diamètre dans une terre élaborée à base de fibre de coco, de vermiculite (un minéral naturel riche en fer) et de graines chargées d'absorber l'eau.

Mais l'expérience qui semble le plus intriguer le grand public est celle que Thomas devra mener sur les « blobs ». Des organismes unicellulaires qui se déplacent sans bouche et sans cerveau. Jaune, gluant, le blob n'est ni un végétal, ni un animal ni un champignon. Son nom officiel est *Physarum Polycephalum,* mais il tient son nom « blob » du titre d'un film d'horreur américain de série B réalisé en 1958 et qui met en scène un monstre de gélatine extraterrestre qui dévore tout sur son passage. Mais que l'on se rassure, le vrai ilest totalement inoffensif.

Une des spécialistes mondiales du *blob* est une chercheuse française du CNRS (Centre national de recherche scientifique). Audrey Dussutour étudie ces formes vivantes singulières depuis plus de 12 ans. Comme Thomas, elle veut faire partager au plus grand nombre sa passion de la science. Son idée est de faire étudier chaque jour durant 30 minutes quatre blobs par Thomas dans la station spatiale pendant que 4 500 établissements scolaires en France et en Europe feront la même chose avec également quatre blobs. Thomas dans l'espace et les élèves sur la Terre devront photographier régulièrement ces êtres étranges, les nourrir avec des flocons d'avoine. Toutes les informations seront regroupées sur un site internet spécialement dédié à cette expérience éducative au nom évocateur « Élève ton blob ».

Au total, comme durant sa première mission, Thomas aura un programme scientifique chargé avec une centaine d'expériences à réaliser.

II

Commandant Thomas Pesquet

Le 16 mars 2021, le patron de l'Agence spatiale européenne annonce officiellement que Thomas Pesquet sera nommé commandant de la mission *Alpha*. C'est la première fois que la France aura entre les mains la destinée d'un véhicule spatial. Thomas réagit à cette annonce lors d'un reportage du magazine *Envoyé spécial* diffusé sur France 2 :

— C'est vraiment un honneur pour la France. Après, cela n'implique pas grand-chose si tout se passe bien mais en cas d'urgence, si une situation se dégrade, il y aura forcément des décisions à prendre. C'est comme sur un bateau, je serai le seul maître à bord !

En fait, Thomas exercera cette responsabilité à la fin de son séjour dans l'espace. Durant plusieurs mois, c'est Akihiko Hoshide dit « Aki » qui dirigera la mission. Les deux hommes se connaissent particulièrement bien car Aki dirigeait déjà la mission sous-marine *Neemo* à laquelle Thomas a participé dans un module immergé durant plusieurs jours en 2019.

La date du décollage est fixée au 21 avril 2021 et Thomas sera donc non seulement le premier français de l'histoire de la conquête spatiale nommé commandant mais il sera à 43 ans aussi le plus jeune à la tête d'une mission en orbite.

Son équipage est composé de trois autres astronautes.

Megan McArthur (49 ans) est une Américaine née à Hawaï. Fille d'un pilote de la Navy, elle rêve d'avion et de fusées dès l'enfance sous le ciel d'Honolulu. Ingénieure en aérospatiale, elle se passionne non seulement pour le ciel et l'espace mais aussi pour le fond des mers et leurs mystères. Elle décroche un diplôme de docteur en océanographie spécialisée dans l'étude des vagues. En 2000, elle est sélectionnée par la NASA et participe à une expédition de 9 jours pour des opérations d'entretien et de maintenance du télescope spatial Hubble. Passionnée de plongée sous-marine, elle occupe son temps libre à expliquer les phénomènes scientifiques aux enfants dans les immenses piscines du Birch Aquarium de San Diego en Californie. Elle est mariée à Robert Behnken, astronaute lui aussi à la NASA. C'est lui qui a fait partie de l'équipage qui a inauguré avec succès le tout premier vol habité de SpaceX en mai 2020, aux côtés de Douglas Hurley. Vétéran chevronné de l'espace, il a aussi participé à deux missions en 2008 et 2010 avec trois sorties extra-véhiculaires à son actif. Il a notamment œuvré à l'installation de la Cupola, le point d'observation préféré de Thomas, dont le module a été fixé à l'ISS en février 2010. Megan et Bob ont eu un garçon, Théodore, en 2014 mais pour l'heure, il est encore trop jeune pour démarrer une formation d'astronaute à la NASA ! Une chose est sûre, pour la mission *Alpha*, Megan pilotera le Dragon et en sera la commandante adjointe

Akihiko Hoshide est né en 1968 à Tokyo au Japon. Il passe une partie de son enfance dans le New Jersey avant de repartir dans son pays où il fera toutes ses études.

Ingénieur en génie mécanique, il se spécialise dans l'étude de la mécanique des fluides. Après 10 ans passés dans l'agence spatiale japonaise, Il rejoint la NASA en 2004 et il participe à deux missions dans la station spatiale en 2008 et 2012. Lui aussi a pu inscrire dans son CV, trois sorties extra-véhiculaires. On lui doit d'ailleurs un des plus beaux selfies réalisés dans l'espace, le 5 septembre 2012. Outre la photo spatiale, Akihiko présente un deuxième point commun avec Thomas, il adore le rugby, sport qu'il a longtemps pratiqué à l'université.

Shane Kimbrough complète la liste de l'équipage de la mission *Alpha*. Thomas Pesquet le connaît bien puisque les deux hommes ont travaillé ensemble dans l'ISS durant la mission *Proxima* et sont même sortis en duo dans l'espace.

Shane Kimbrough (54 ans) est né au Texas. Diplômé en génie aérospatial de l'école militaire des États-Unis, cet ancien pilote d'hélicoptère de combat « Apache » durant la première guerre du Golfe en 1991, est sélectionné par la NASA pour former les astronautes aux manœuvres d'atterrissage des capsules. L'Agence spatiale américaine décide ensuite de l'envoyer dans l'espace à son tour en 2008 dans la navette *Endeavour* pour une livraison d'équipements destinés à agrandir l'ISS. Il repart pour la station spatiale en 2016-2017 dans un *Soyouz* russe, cette fois. Ce passionné de sports a d'ailleurs emmené avec lui en mission un ballon de football récupéré dans les débris de la navette spatiale *Challenger* qui a explosé en vol juste après le décollage le 28 janvier 1986. Le ballon appartenait à Ellison Onizuka qui a trouvé la mort dans la catastrophe.

Cet amateur de football voulait emmener son ballon dans l'espace mais le drame l'en a hélas empêché. Trente et un ans plus tard, c'est la fille de l'astronaute disparu qui a eu l'idée de rendre hommage à son père en envoyant le ballon dans l'espace comme son père le souhaitait. Shane Kimbrough a tout de suite accepté et a pris une photo émouvante du ballon à damier flottant dans la Cupola, avec la planète bleue en arrière-plan. Une fois de retour sur Terre, Shane a confié ce ballon à l'université ou Ellison avait fait une partie de ses études. On peut le voir depuis, présenté sous une cloche de verre.

On le devine en lisant ces curriculums, l'équipage qui va s'envoler pour la mission *Alpha* n'en est pas à son coup d'essai. Pourtant, l'entraînement du quatuor d'astronautes a été aussi intense que si l'équipage était novice. Heureusement, Thomas n'a pas eu à apprendre le russe, et les sessions de plongées aquatiques pour différentes simulations ont été moins nombreuses.

Lors d'une conférence de presse, il résume son entraînement par cette formule :

— C'est comme le vélo, ça ne s'oublie pas ! Cette fois, je me mets un peu moins de pression. Après une expérience de 6 mois je sais ce dont j'ai besoin et ce dont je n'ai pas besoin.

L'astronaute confie aussi qu'il appréhende différemment cette deuxième mission :

— Lors de la première j'avais toujours l'esprit occupé par quelque chose. Je tournais des vidéos, je prenais des photos, j'appelais mes amis… Cette fois, j'ai décidé de profiter de moments plus calmes. Je prendrai quinze minutes par jour à ne rien faire. Juste regarder à travers les hublots en buvant un café ou en discutant tranquillement avec les autres membres de l'équipe.

Quant à la nourriture, comme lors du premier séjour, Thomas et ses coéquipiers ont passé beaucoup de temps à goûter tout ce qu'ils emmèneront dans l'espace. Chacun des plats est noté. Les nutritionnistes en charge des menus ont d'ailleurs eu un souci avec Thomas car aimant absolument tout, il notait chaque aliment avec un 9/10 au minimum. Résultat : impossible de savoir quel plat bonus lui offrir pour changer un peu de l'ordinaire. De toute façon, l'astronaute français peut une nouvelle fois compter sur le talent d'un chef étoilé pour régaler tout l'équipage. Comme pour la mission *Proxima*, le chef Thierry Marx élabore de nombreuses créations culinaires avec des contraintes strictes qu'il a détaillées pour le magazine *Le Point* :

— Quand l'astronaute est en apesanteur, il subit un phénomène *d'agueusie*. C'est-à-dire qu'il perd le goût. C'est comme s'il mangeait le nez bouché. Il faut donc augmenter les doses de sel et d'épices mais aussi le temps de cuisson.

Le Centre Français d'Innovation Culinaire est également sollicité pour participer à la mission *Alpha*. Le co-directeur du CFIC, également chercheur en physicochimie, Raphaël Haumont, a travaillé avec ses équipes sur des gâteaux et des textures « zéro miettes ».

L'accent des cuisiniers est mis sur les champignons, un mets que Thomas apprécie tout particulièrement. Lors de la première mission, il avait pu déguster des recettes avec des girolles, 4 ans plus tard, ce sont des cèpes et des truffes qui partiront pour l'espace. Contrairement à la préparation de la mission *Proxima* en 2016, Thomas Pesquet n'a pas pu se rendre dans les cuisines de Thierry Marx à cause de la crise du Covid, mais les deux hommes ont néanmoins trouvé le moyen d'échanger sur l'élaboration des plats. Tous ont été validés par le commandant Pesquet mais aussi par les équipes de l'Agence spatiale européenne. Parmi ces menus exclusivement réservés aux grandes occasions dans la station spatiale on peut citer un délicieux tryptique étoilé :

Entrée
Pressé de pommes de terre aux oignons de Roscoff

Plat
Bœuf de Bazas, cuisson de 7 heures

Dessert
Amandine aux poires caramélisées

Sans doute motivé par ses rencontres et contacts avec Thomas, le chef Thierry Marx a troqué sa toque de chef étoilé contre une combinaison de pilote pour connaître lui aussi à son tour les sensations de l'apesanteur lors d'un vol dans l'Airbus Zero-G. C'était en 2015 mais Thomas Pesquet n'était pas encore aux commandes de l'appareil. Jean-François Clervoy, l'ancien astronaute et président de Novespace a accompagné le chef qui est venu non seulement se libérer de la gravité mais aussi tester en situation des prototypes de contenants du futur.

Retour à ce mois d'avril 2021. Le vendredi 16 avril 2021, plus précisément. L'avion qui transporte Thomas Pesquet et ses trois coéquipiers de la mission *Alpha* en provenance de Houston se pose sur la piste de la base de Cap Canaveral. Le pilote de l'avion, comme un clin d'œil, a offert à ses quatre passagers un survol du pas de tir où semble attendre, impassible, la longue fusée blanche *Falcon 9* qui décollera cinq jours plus tard.

Sur le tarmac, Thomas Pesquet s'avance tranquillement devant un micro pour une ultime conférence de presse. En tant que commandant, c'est à lui de s'adresser au monde entier sous les regards de ses coéquipiers placés derrière lui. Tous revêtant comme lui leurs combinaisons bleues aux couleurs de la mission *Alpha* :

— Moi je pense que c'est l'âge d'or des vols habités que l'on vit en ce moment. Les gens ne s'en rendent pas compte parce qu'on regarde beaucoup en arrière pour les missions vers la Lune mais dans quelques années, on aura fait quelque chose de plus ambitieux. Dans la position où je me trouve moi c'est bien sûr enthousiasmant mais j'espère que ça l'est aussi pour tout le monde. Cette aventure, on ne veut pas la vivre égoïstement : on essaie de la partager parce que ce que nous allons faire dans l'espace, nous espérons vraiment que cela servira un jour à tous.

Le lendemain matin, le samedi 17 avril, l'équipage participe au « Dry Dress ». C'est une répétition générale à J-4 de toutes les opérations du jour du décollage. Les quatre astronautes enfilent leurs combinaisons pour vérifier l'étanchéité, ensuite ils entrent dans la capsule sur le pas de tir pour suivre toutes les étapes de préparation du lancement.

Une journée interminable qui se termine au milieu de la nuit.

Le 18 avril, Thomas a publié sur son compte Twitter toutes les traditions que lui et son équipe devront respecter. Comme en Russie lors de son premier départ, il se plie à des rituels bien éloignés des protocoles scientifiques !

D'abord, il faut écrire son nom sur la fusée, ensuite choisir son plat préféré. Thomas se fera servir un poulet grillé avec de la purée. Puis vient la partie de cartes. On serait tenté de la comparer à la célèbre partie de carte de Marcel Pagnol sauf que dans Le Kennedy Space Center, il faut que l'équipe en partance batte aux cartes un des responsables de la base spatiale. Et on ne quitte pas le bureau tant que la victoire n'est pas proclamée ! La sécurité n'est pourtant jamais loin car s'ensuit une nouvelle vérification de la combinaison. Puis chaque astronaute doit écrire son nom sur le mur, près du pas de tir. Enfin, les quatre astronautes doivent impérativement s'équiper d'un « Gravity Indicator ». Il s'agit d'une peluche qui indique que la capsule est en apesanteur quand elle se met à flotter. Thomas et son équipe ont opté pour un pingouin. Et pas n'importe lequel : le doudou appartient au petit garçon d'Akihiko qui ne se doutait pas que sa peluche était un pingouin cosmonaute.

Autre tradition dans le monde du voyage spatial : l'incertitude du départ. Là encore, elle est respectée. La NASA annonce le mercredi 21 avril que le départ qui était prévu le jeudi 22 avril à 6 heures 11 est reporté au lendemain, le vendredi 23 à 5 heures 49. L'agence spatiale américaine justifie ce report par des conditions météorologiques défavorables.

Thomas commente cette décision sur Twitter en se souvenant de ce que lui avait dit le légendaire Buzz Aldrin. Le deuxième homme à avoir posé le pied sur la Lune après Neil Armstrong lors de mission Apollo 11 de 1969 a croisé Thomas Pesquet lorsqu'il a été sélectionné pour devenir astronaute. Ce jour-là il lui a confié :

— Thomas, respecte tes aînés et apprends la patience.

Deux règles qu'il a toujours appliquées par la suite, même si la deuxième a sans doute été plus difficile, tant l'excitation à l'approche du départ était grande. Ce décalage lui permet de profiter un peu plus des membres de sa famille qui sont venus lui dire au revoir. Son père, sa mère, son frère et sa cousine mais aussi quelques amis proches ont réussi à faire le voyage depuis la France, malgré les embûches administratives nombreuses liées au Covid 19 dans le transport aérien en général et à destination des USA en particulier.

Anne Mottet, sa compagne, est bien sûr là, elle aussi, et sur son compte Instagram, elle poste une photo le 21 avril. On la voit, bras croisés, portant un polo bleu de la mission *Alpha*. En arrière-plan on devine le pas de tir et elle écrit cette légende :

— Aujourd'hui j'ai vu la fusée. C'est angoissant et impressionnant. Beaucoup de gens travaillent sur cet événement, mais mon job est vraiment le plus difficile !

La silhouette de la jeune femme est paerçue le jour du départ, dans l'allée où attendent les voitures blanches qui vont emmener les astronautes vers la fusée *Falcon*. Les portes de l'ascenseur s'ouvrent, et les quatre astronautes dans leur tenue blanche et noire sortent quasiment en même temps en faisant des signes de la main aux caméras.

Ils viennent de vérifier une dernière fois leurs combinaisons dans un des étages du bâtiment avec les techniciens de la NASA avant d'appuyer sur le bouton de l'ascenseur flèche vers le bas. Après une série de photos sous les flashs qui crépitent, ils font une quinzaine de pas pour saluer leurs familles qui attendent sur une petite contre-allée séparée de la route par une simple corde.

Thomas ferme la marche et s'avance vers Anne tout en gardant une distance car, même si l'astronaute est vacciné contre le Covid, les règles de la NASA sont draconiennes en matière de santé. Pas question de prendre le moindre risque même si les possibilités d'infection sont quasi inexistantes. Dernier face à face pour le couple. Derniers mots échangés. Derniers regards.

À peine deux minutes plus tard, les astronautes montent dans les voitures, et les portières des voitures électriques se referment automatiquement. Après un court trajet dans la base, les quatre astronautes arrivent sur le pas de tir au pied de la fusée. Ils lèvent les yeux. On y est. Ils reprennent l'ascenseur pour arriver à la capsule nichée au sommet de la fusée *Falcon 9* à presque 70 mètres de hauteur. Le contraste avec la capsule *Soyouz* est saisissant. Quelques semaines avant le départ Thomas a comparé les deux moyens de transport vers l'espace :

— C'est la même différence qu'entre une voiture électrique de dernière génération et une boîte manuelle des années 70 !

Même constat pour les technologies de pilotage. Là où le Soyouz requiert encore beaucoup de manœuvres manuelles y compris avec une tige en acier qui sert de télécommande, la capsule SpaceX est entièrement automatisée avec un tableau de bord exclusivement composé d'écrans tactiles.

L'habitacle de la capsule américaine est aussi beaucoup plus spacieux et peut accueillir sept passagers. Enfin on a la sensation, en examinant le mobilier de la capsule commandé par Elon Musk, d'être dans un décor de cinéma avec le mobilier entièrement noir et blanc. Des sièges noirs en carbone et pas un câble, pas un fil électrique visible.

Juste avant de s'engouffrer dans la capsule, les techniciens et les agents de la NASA et de SpaceX en charge du décollage souhaitent bonne chance à l'équipage, ou plutôt une formule équivalente car le mot *chance* n'est pas d'usage dans une base de lancement. En fait, depuis 1962, avant chaque départ, les astronautes américains ont pris l'habitude d'entendre « Godspeed » qui signifie que « Dieu fasse que tu réussisses ». *Sped* vient du verbe *speden* qui veut dire réussir. Le jeu de mots avec speed qui lui veut dire vitesse n'est pas des plus faciles à traduire dans ce contexte. C'est une expression prononcée la première fois par l'astronaute Scott Carpenter à un autre astronaute John Glenn juste avant son départ sur une fusée *Atlas* qui venait juste de remplacer les lanceurs *Redstone* à qui on reprochait un manque de vitesse. Donc juste avant que la porte de la capsule ne se referme, Scott Carpenter a lancé cette étrange association de mots à double sens : « Godspeed, John ! », et depuis elle se transmet de génération en génération.

Ce 23 avril 2021 la phrase a retenti une nouvelle fois « Godspeed *Crew 2* » et la porte de la capsule s'est refermée. Les images des caméras de contrôle placées à l'intérieur de *Crew Dragon* montrent les astronautes occupés à faire d'étranges gestes. Les commentateurs de cet événement retransmis dans le monde entier et suivi par des millions de spectateurs se demandent ce qui peut se passer entre les quatre hommes et femmes assis les uns à côté des autres. On apprendra un peu plus tard qu'en fait pour occuper le temps ils avaient improvisé une partie de « pierre feuille ciseaux » ponctuée d'éclats de rire sous leurs casques.

Encore une minute avant le décollage dans la nuit noire. Dans la radio on entend une voix nasillarde « Prêts pour le lancement ? »

Le compte à rebours égrène les secondes : « Dix... 9...8...7...8...5...4...3...2...1...0 ! »

Comme en 2016, une lueur aveuglante éclaire la nuit en une fraction de seconde accompagnée d'un grondement qui semble résonner dans toute la Floride.

11 heures 49 (heure française). Thomas Pesquet et son équipage s'envolent pour les étoiles.

12

ISS 2
le retour

Deux minutes après son lancement, la grande fusée blanche est déjà à cinquante kilomètres d'altitude. Une poignée de secondes plus tard, le premier étage se sépare de la *Falcon 9*. Dans s a capsule, l'équipage se rapproche de l'espace à 7300 kilomètres heure. La vitesse augmente encore pour dépasser les 8 000 kilomètres heure. La fusée dépasse largement l'atmosphère jusqu'à 200 kilomètres d'altitude. C'est le seuil où elle change de trajectoire pour s'incliner presque à l'horizontale dans le but d' atteindre la vitesse orbitale.

Cinq minutes après le décollage, la fusée atteint la vitesse de 10 000 kilomètres heure.

L'astronaute français Jean-François Clervoy qui commente l'opération en direct pour le CNES évoque ce que peuvent ressentir Thomas et ses coéquipiers à cet instant précis. :

— Ils laissent derrière eux le bleu de notre planète Terre pour s'enfoncer dans le noir d'encre du cosmos.

Dans le même temps, le premier étage redescend peu à peu sur Terre. Anne Mottet répond aux questions des journalistes de la chaîne d'information BFM TV :

— J'ai été très impressionnée par le décollage et je l'ai trouvé magnifique. Voir redescendre ce premier étage, c'est quelque chose de magique. On a eu beaucoup de hauts et de bas ces dernières semaines en tant que famille. Ce n'est pas facile. Maintenant, nous sommes soulagés et nous sommes très heureux pour eux.

L'altitude de la fusée se stabilise à 197 kilomètres d'altitude pour une vitesse de 27 000 kilomètres heure. Le moteur de la fusée s'éteint. Le pingouin en peluche, qui jusqu'ici était sagement posé dans un recoin du tableau de bord, - commence à flotter. Thomas allonge ses bras devant lui pour se détendre et l'on devine sur l'écran de contrôle qu'ils flottent eux aussi. Tout devient léger comme une plume alors que quelques secondes auparavant les astronautes pesaient trois fois leur poids. Douze minutes après le décollage, le deuxième étage se détache et le *Crew Dragon* est autonome. Il va « dériver » durant vingt-trois heures en suivant une orbite très précise fixée à l'avance. Thomas lance le poing en signe de victoire et de joie. Il applaudit puis dessine un cœur avec ses gants. En principe, le voyage d'approche vers la station de l'ISS est la partie la moins critique de l'opération mais un message de la salle de contrôle vient quelque peu altérer le calme qui règne dans le *Crew Dragon* où chacun s'apprête à aller se coucher pour un repos bien mérité.

Il est 19 heures 43, heure française. Ce message indique sur un ton calme que les quatre astronautes doivent être attachés sur leurs sièges, harnachés, sanglés, les casques fermés et que tout soit rangé dans la capsule... Une manœuvre qui en principe prend une quarantaine de minutes mais dont le temps d'exécution doit, cette fois, être réduit de moitié. La raison de cette soudaine et inattendue accélération du protocole : un risque de collision avec un débris spatial non identifié.

L'équipe s'exécute, même si quelques jours plus tard Thomas reconnaîtra que certaines manipulations de rangement n'ont pas été « orthodoxes ». Une douzaine de minutes après l'annonce, l'information tombe : « fausse alerte ! ». L'objet est sagement resté en permanence à 45 kilomètres de la capsule *Crew Dragon*. La mission *Alpha* reprend son cours normal avec l'ISS en ligne de mire.

Samedi 24 avril

Après 24 heures de vol, la capsule *Crew Dragon* est en approche et se stabilise à 220 mètres environ de l'immense station spatiale dans le noir sidéral. Les quatre astronautes ne pilotent pas. Tout est automatisé.

Le cône qui se situe à l'avant de la capsule est déployé pour présenter le mécanisme d'accostage à l'ISS.

L'amarrage se fait avec deux anneaux d'accostage qui disposent de verrous surpuissants dont la capacité de serrage s'élève à plusieurs dizaines de tonnes. La deuxième phase de l'opération débute au moment où la capsule « redémarre » vers l'ISS. Elle doit s'arrêter très précisément à 20 mètres de la station. Les yeux fixés devant eux, Thomas et les trois autres astronautes voient s'approcher lentement mais sûrement l'immense structure.

Techniquement, les deux vaisseaux ont la même vitesse de 28 000 kilomètres heure mais l'approche finale de vingt mètres jusqu'au contact se fera à quelques centimètres par seconde. Sur les écrans d'ordinateurs et les postes de télévision, les images de cette minuscule capsule s'approchant presque au ralenti de la station avec en arrière-plan lointain le bleu de la Terre sont d'une beauté à couper le souffle.

11 heures 08. *Crew Dragon 2* amorce la manœuvre d'accostage. La station vient de « capturer » le petit vaisseau même s'il doit encore se fixer pour de bon. Les douze crochets sont verrouillés les uns après les autres. Il ne reste plus comme phase critique que la vérification de l'étanchéité du sas que vont emprunter les astronautes pour entrer dans la station spatiale. Thomas et ses coéquipiers relèvent les visières de leurs casques.

Les préparatifs pour que le sas d'entrée soit opérationnel durent près de 120 minutes. Rien n'est laissé au hasard dans les différentes procédures qui se succèdent. Même quand les portes sont ouvertes, il reste encore quelques vérifications à effectuer.

Les nouveaux arrivants se débarrassent de leurs combinaisons pendant que de l'autre côté du sas, quatre des sept astronautes déjà « résidents » de la station procèdent à la mise en place du couloir qui sépare les deux vaisseaux spatiaux. Ils composent l'équipage *Crew 1* qui est arrivé dans la station durant l'automne 2020.

Il faut notamment préparer toutes les caméras et les appareils photos dans différents angles de vue pour ne pas rater le moment historique de la réunion des deux équipages. On devine des sourires et beaucoup d'impatience dans les regards des uns et des autres. Peu à peu, l'ensemble des sept astronautes qui étaient déjà dans la station sont tous réunis pour l'entrée de la nouvelle équipe. On voit un micro propulsé dans l'air qui traverse l'image jusqu'à la main d'une astronaute. Celle de Shannon Walker. C'est elle qui fait les essais de son avec Houston (sa ville natale !) pour voir si tout fonctionne. Là encore, pas question de rater les premiers mots qui seront prononcés.

Enfin le feu vert est donné par la salle de contrôle au sol, les quatre astronautes de *Crew 2* entrent dans l'ISS. Le premier est Akihiko. Normal, c'est le futur commandant de la mission. Il tient dans sa main le pingouin en peluche ! Thomas est en deuxième position juste devant Megan dont les longs cheveux noirs semblent prendre mille directions dans le module quand elle remue la tête avant que Shane entre le dernier dans l'ISS.

On assiste alors à une véritable communion entre les quatre polos noirs des « nouveaux » et les sept chemisettes bleues des « anciens » ! Visiblement la NASA – à moins que cela ne soit Elon Musk *himself* – ont veillé au dress code de ce moment pour le moins particulier. Ils se serrent dans les bras, se congratulent les pieds en l'air et tournent sur eux-mêmes dans une mêlée joyeuse et désordonnée qui contraste avec la rigueur des centaines et des centaines de procédures auxquelles ils doivent s'astreindre chaque jour.

Les onze astronautes se regroupent ensuite pour la cérémonie officielle. Thomas est assis au centre. Il regarde autour de lui comme quelqu'un qui a retrouvé ses amis mais aussi sa deuxième maison. C'est Steve Jurczyk, l'administrateur de la NASA qui depuis Houston félicite d'abord les deux équipages réunis et insiste ensuite sur l'étroite collaboration internationale qui a permis ce moment historique.

Thomas prend la parole en anglais pour ces premiers mots où il exprime toute sa joie d'être là et son impatience à se mettre au travail. Ensuite, c'est en français qu'il remercie sa famille et ses amis d'être venus l'encourager jusqu'en Floride pour son décollage. Il les salue de la main avant que la retransmission vidéo soit interrompue pour laisser un peu d'intimité aux onze habitants de la station spatiale, qui n'a jamais connu autant de locataires dans son histoire à l'exception toutefois du regroupement de treize astronautes en 2009.

Rappelons que la structure – malgré sa superficie qui dépasse 400 m^2 – est initialement prévue pour accueillir sept personnes. Ce sera le cas quelques jours plus tard avec le retour sur Terre de quatre astronautes. Pour Thomas, c'est L'Acte II de sa vie dans l'ISS et il va durer 6 mois à partir de cet instant à 400 kilomètres au-dessus de nos têtes.

Le lendemain de son arrivée, la NASA lui octroie une journée de repos bien méritée. Sur son compte Twitter, il publie trois photos de ses coéquipiers lors du voyage vers la station avec ce commentaire « Mesdames, Messieurs, notre formidable personnel navigant ! ».

Mardi 27 avril

Sur son réseau social, il réserve son tout premier cliché de l'espace à la Normandie avec ce commentaire :

— La trajectoire de la station va toujours d'ouest en est : une chance pour ma Normandie natale, sous le soleil comme toujours, quoi qu'en disent les rageux. Elle ouvre le bal des orbites.

Peut-être sait-il que son décollage a été tout particulièrement suivi à Auffay, le village normand où il a grandi. Le maire a réuni son conseil municipal pour vivre l'événement en direct dans la grande salle de l'hôtel de ville. Après son premier séjour dans l'espace, Thomas était revenu dans la commune qui lui avait fait l'honneur de baptiser le jardin public à son nom. Pour le deuxième voyage, rien n'était encore officiellement décidé si ce n'est une belle fête pour saluer le héros local.

Mercredi 28 avril

Ce sont cette fois les Parisiens qui tentent d'apercevoir la station spatiale qui passe au-dessus de la capitale à 5 heures 48 du matin puis le lendemain à 5 heures 02. Durant quatre minutes, avec de la chance, on peut la voir à l'œil nu.

Vendredi 30 avril

Il règne un air de fête dans la station. Très tôt le matin, Thomas et ses coéquipiers ont attaché des ballons pour faire une surprise à Victor Glover avant qu'il ne soit réveillé. C'est le jour de son anniversaire (45 ans), et les dix passagers de l'ISS veulent le fêter dignement. Ce même jour coïncide avec la première conférence de presse de Thomas Pesquet avec les médias français réunis au CNES. Comme en 2016, il joue avec un globe terrestre en plastique qu'il essaie tant bien que mal de garder sous son bras même s'il s'échappe parfois et flotte devant la caméra. Thomas explique que la vie à bord avec onze astronautes pour seulement six couchettes oblige à faire preuve d'imagination et que les différents stages de spéléologie ou de plongée sous-marine les ont particulièrement bien préparés à supporter cette promiscuité momentanée. Seule petite ombre au tableau relevée avec le sourire par Thomas : le nombre de deux toilettes, qui occasionne des files d'attente durant la journée, mais il conclut en confiant qu'une de ses missions sera d'en construire une troisième.

Une semaine plus tard

L'ISS retrouve un peu plus d'espace libre avec le retour sur Terre des quatre membres de *Crew 1*. Le Japonais Soichi Noguchi et les trois Américains Michael Hopkins, Victor Glover et Shannon Walker disent au revoir à leurs sept collègues.

Le 1er mai, Shannon Walker passe officiellement le commandement de la station à Akihiko Hoshide, le nouveau maître à bord en attendant que Thomas lui succède dans quelques. Shannon tend une clé à Aki pour symboliser la passation du commandement. Une tradition qui existe depuis septembre 2017 à l'initiative du commandant russe de la mission 52, Fyodor Yurchikhin. C'est lui qui a utilisé le premier cette grosse clé dorée qui sert en principe à ouvrir et à fermer les hublots des capsules *Soyouz*. Depuis, elle voyage de main en main et ce relais perpétuel n'est pas prêt de s'arrêter.

Cette grosse clé dans la main, Aki et ses compagnons regardent l'équipage qui à son tour emprunte le sas jusqu'à son vaisseau qui doit le ramener sur terre. Les quatre membres de *Crew 1* étaient dans l'espace depuis le 16 novembre 2020.

Pour marquer le coup, Thomas a décidé de se raser en utilisant la fonction miroir de sa tablette numérique.

La capsule se détache de l'ISS à 20 heures 35 pour une descente qui doit durer 6 heures 30 environ.

Comme pour l'arrivée de l'équipage de Thomas Pesquet il y a une semaine, toutes les manœuvres sont automatisées. Le système autonome des équipes techniques de SpaceX fonctionne sans le moindre accroc. Thomas voit s'éloigner lentement la capsule blanche jusqu'à disparaître dans le noir de l'espace. Vers 3 heures du matin, le vaisseau amerrit au large de Panama City sur une mer d'huile. Les quatre astronautes sont récupérés en pleine forme même si marcher sur la plateforme à l'air libre retrouvé n'est pas chose aisée après tous ces mois passés à voler comme des oiseaux. C'est la première fois depuis 53 ans qu'un vaisseau spatial américain de la NASA fait un retour de nuit.

Le 27 décembre 1968, la capsule *Apollo 8* avait réussi un amerrissage dans les eaux du Pacifique. Mais au-delà de cette arrivée, on se souvient surtout de cette mission *Apollo* grâce à une photo extraordinaire. Celle du premier lever de Terre jamais prise. L'histoire de ce cliché hors norme est racontée dans une vidéo mise en ligne par la NASA et qui reprend toute la chronologie de l'événement avec les dialogues en direct enregistrés dans la capsule.

Franck Borman, Jim Lovell et Bill Anders venaient de boucler trois tours de la Lune. Un des points de leur mission était de photographier le sol lunaire toutes les 20 secondes dans la perspective du voyage lunaire de 1969. Leur cible était spécifiquement le lieu de rendez-vous pour le futur alunissage d'une fusée. Au cours de la quatrième rotation, les cœurs des astronautes commencent à battre très fort en découvrant le spectacle qui s'offre à leurs yeux à travers les hublots. Le globe terrestre se dévoile sous toutes ses couleurs. Personne n'a jamais vu un tel spectacle depuis le début de l'humanité. Voici la retranscription du dialogue dans *Apollo 8* qui dure 90 secondes au total :.

Bill Anders

Oh mon Dieu, regardez c'est la Terre qui se lève. Wow ! C'est magnifique. Il faut faire une photo.

Franck Borman (*sur le ton de la plaisanterie*)

Non, ne la prends pas... c'est pas prévu dans le programme ! (*Rires.*)

Bill Anders

Jim, tu as une pellicule couleur ? Passe-moi vite une pellicule couleur, tu veux bien ?

Jim Lovell

Oh regarde, Bill ! C'est incroyable, cette vue !

Bill Anders

Vas-y, Jim dépêche. Vite !

Jim Lovell

Oui, attends, j'en cherche une. Tu veux une C368 ?

Bill Anders

N'importe laquelle. Vite !

Jim Lovell

Tiens, voilà.

Sur la vidéo de la NASA, on devine la Terre qui disparaît…

Bill Anders

Oh non ! Je l'ai ratée, je crois.

Jim Lovell

Regarde à droite dans le hublot de la trappe, on la voit !

Bill Anders

Ok, laisse-moi m'approcher c'est beaucoup plus clair !

On entend le déclenchement de la photo. Puis une seconde plus tard...

Jim Lovell (surexcité)

Bill, je crois que je l'ai eue moi aussi. Mais vas-y prends en plusieurs, prends-en plusieurs.

Bill Anders

Laisse-moi juste m'asseoir et calme-toi Lovell, calme-toi !

Jim Lovell

Oui j'ai compris. Tu es sûr que tu as réussi ?

Bill Anders

Oui, je crois, on verra bien.

Contrairement à aujourd'hui, les astronautes n'ont pas vu tout de suite les photographies qu'ils ont réalisées. Quelques jours après l'amerrissage, le développement des clichés livre son verdict. Une photo qui va rentrer dans la légende sous le nom « Earthrise » (le lever de Terre). On distingue sur cette photo le sol aride et gris de la Lune avec le noir sidéral et juste au milieu la Terre se lève dans un bleu éclatant de lumière.

La diffusion de ce cliché a connu un succès mondial, gigantesque et immédiat. Certains observateurs ont vu dans ce cliché g – qui tient quasiment du tableau de grand maître par sa construction – le point de départ du mouvement écologiste « hippie » qui a déferlé sur les États-Unis et bien au-delà dans les années 1970.

En tous les cas, quand Michael Hopkins est récupéré sur la barge près de la capsule *Dragon* ce 2 mai 2021, ce n'est pas une photo qu'il offre aux spectateurs mais quelques pas de danse en serrant ses poings. Nul doute qu'à 400 kilomètres d'altitude, l'équipe de *Crew 1* a suivi minute par minute le scénario de la descente de l'équipage. Il devrait être exactement le même pour eux six mois plus tard.

Depuis le départ des quatre astronautes, ils sont désormais sept à se partager la station spatiale entre le quatuor de la mission *Crew 2* et le trio américano-russe présent dans la station spatiale internationale depuis plusieurs semaines. Oleg Novitski, Piotr Dubrovnik et Mark Vande Hei sont arrivés le 9 avril 2021 à bord de leur capsule *Soyouz* baptisée *Gagarine* en l'honneur du 60e anniversaire du premier homme dans l'espace.

C'était le 12 avril 1961. Le cosmonaute russe avait réalisé le tour de la terre en 1 heure 48 minutes à tout juste 27 ans. Lors de ses différents séjours en Russie et dans la base de Baïkonour où le légendaire Gagarine a lui aussi passé beaucoup de temps, Thomas a pu noter ce qu'il appelle « le véritable culte de la personnalité » qui existe encore autour du héros mort lors d'un accident d'avion le 27 mars 1968. Il a bien sûr forcément entendu l'incroyable histoire autour de son retour de l'espace ce fameux 12 avril 1961. Dans ces temps héroïques, pas d'automatisation pour le retour du pionnier et pour descendre, il fallait quitter la capsule puis sauter directement avant qu'elle ne touche le sol ! Youri Gagarine saute donc avec son parachute. Il est habillé d'une combinaison spatiale orange et il descend lentement du ciel accroché à son parachute au sud de Moscou. La BBC a retrouvé la petite fille âgée de 5 ans à l'époque et qui a été le témoin de toute la scène. Elle voit la forme orangée s'approcher de plus en plus du sol et se poser dans le champ de pommes de terre de sa grand-mère. Rita Nurskanova court pour alerter sa grand-mère :

— Viens vite, il y a un homme dans le champ qui arrive du ciel, il parle russe c'est probablement un humain.

La grand-mère de Rita vient accueillir l'étrange visiteur. Youri Gagarine explique calmement qu'il est russe comme elles et qu'il arrive de l'espace. Depuis, cette histoire incroyable se raconte de génération en génération de cosmonautes et à vrai dire voir arriver un jour dans son jardin Thomas Pesquet ne serait pas sans déplaire à ses milliers de fans à travers la planète !

Plus de 60 ans plus tard, Gagarine serait surpris de voir que désormais Russes, Européens et Américains volent dans l'espace main dans la main, lui qui avait connu la rivalité l'Occident et l'Union soviétique durant la guerre froide. Ils se partagent même en bonne intelligence l'espace vital de la station.

Depuis le départ des quatre astronautes de *Crew 1*, chacun dispose de son espace personnel et intime dans lequel nulle caméra ne fonctionne. Dans sa chambre grande « comme une cabine téléphonique, pour ceux qui se souviennent encore de ce qu'était une cabine », note Thomas avec humour, il a placé des photos de sa famille mais aussi du chocolat qu'il aime croquer à la fin de la journée.

Mercredi 12 mai

Thomas note dans son journal de bord qu'est devenu son compte Twitter : « une étape franchie en toute discrétion à bord de l'ISS : le 40 000e usage de nos toilettes ! »

Quant au travail dans la station spatiale, il reste bien sûr au cœur des journées des astronautes. Thomas s'attelle à l'expérience « *Grip Grasp* ». Les chercheurs veulent comprendre comment le cerveau actionne la préemption des mains en apesanteur. Concrètement, il doit s'asseoir ou s'allonger sur une chaise métallique les yeux ouverts ou fermés. Ensuite il doit réaliser des mouvements précis avec un petit objet contenant une multitude de capteurs.

Dans une deuxième phase, Thomas doit utiliser un casque de réalité virtuelle tout en restant sur sa chaise. Là, il doit envoyer un projectile virtuel vers une cible qui apparaît en une fraction de seconde.

Samedi 22 mai

C'est un jour spécial pour Thomas, même s'il commence par l'opération ménage de fond en comble dans la station spatiale. Les astronautes passent l'aspirateur dans chaque grille de ventilation et ils nettoient toutes les zones de l'ISS avec des lingettes désinfectantes, module par module. Le laboratoire européen Columbus où Thomas a accroché le drapeau français se trouve à l'avant de l'ISS. Il est copieusement équipé d'ordinateurs et de différents appareils de mesures scientifiques. Ensuite à l'avant gauche on trouve le laboratoire japonais. C'est le plus grand module de la station spatiale où on trouve les réfrigérateurs et des congélateurs. Ce module dispose aussi d'un grenier qu'il faut bien sûr aussi nettoyer. À l'arrière de la station, on trouve le module où sont entreposés les scaphandres avec des portes qui s'ouvrent sur l'espace. Il faut ajouter les couchettes des astronautes avec leurs vestiaires individuels. Enfin, le gros morceau pour le nettoyage est le « LAB ». Le laboratoire américain recèle d'innombrables câbles qui s'entrecroisent, mais aussi dispose d'une grande boîte à gant vitrée, utilisée pour des manipulations scientifiques sans oublier des incubateurs, un vélo d'appartement et même des fourneaux, un distributeur d'eau… À tout cela il faut ajouter d'autres modules et notamment les toilettes ! On comprend pourquoi ce ménage prend entre trois et quatre heures !

Une fois la mission récurage accomplie, c'est le moment du déjeuner puis en dessert Thomas accomplit sa séance de sport quotidienne de deux heures avant de revêtir ce fameux samedi 22 mai 2021 le maillot du stade toulousain. Car ce jour-là est le jour de finale de la Coupe d'Europe de Rugby. Son équipe de cœur affronte La Rochelle.

17 heures 45, heure française, il assiste au coup d'envoi avec son collègue et commandant de bord Akihiko Hoshide, friand comme lui du ballon ovale. La retransmission est « streamée » en direct vers la station spatiale par Houston. La qualité de l'image est plus que moyenne, mais Thomas assiste avec plaisir à la victoire du stade toulousain dont les joueurs portent ce jour-là le fameux maillot pour lequel il a participé au graphisme quelques années plus tôt.

Mardi 25 mai

Changement d'ambiance avec cette petite remarque que Thomas publie sur Twitter et qui laisse à penser que ce n'est pas le moment qu'il préfère dans la station spatiale :

— Parfois, les journées débutent TRÈS tôt dans l'ISS, avec prise de sang dès 6 heures…

Il joint à son texte l'emoji d'un bonhomme qui râle, un autre d'un bonhomme qui dort et enfin celui d'une seringue ! Il a beau être entraîné à cette obligation médicale et scientifique, il s'y plie sans enthousiasme démesuré et confie qu'il préfère prendre son sang lui-même plutôt que de confier cette tâche à un de ses coéquipiers :

— Au moins si on se rate, l'ambiance reste bonne !

Mercredi 2 juin

Ce jour-là il assiste en « spectateur » à la sortie extra-véhiculaire d'Oleg Novitski et Piotr Doubrov. Les deux cosmonautes russes doivent préparer le remplacement du module d'amarrage *Pirs* par le laboratoire polyvalent *Nauka* qui doit être effectué ultérieurement.

Thomas les photographie, juste avant leur grand saut dans le noir sidéral, harnachés de leurs imposantes combinaisons blanches reliées une à un câble rouge et l'autre à un câble bleu pour bien les différencier. Pour cette sortie dans l'espace, ils sont assistés depuis l'intérieur par le troisième membre de « l'expédition 65 » à laquelle ils appartiennent, l'astronaute américain Mark Vande Hei. Thomas prend une deuxième photo à la perspective saisissante où on voit Piotr Doubrov simplement rattaché à l'ISS par le bout de la grue *Strela* avec en parallèle à sa silhouette la Terre.

La mission est un succès et les deux astronautes regagnent l'ISS après 7 heures 19 passés dans l'espace. Thomas est encore là pour les accueillir dans le sas et l'on devine leurs sourires radieux derrière les visières des casques. Dans quelques jours, ce sera à lui de sortir dans l'espace mais avant il faut que l'équipage se prépare à l'arrivée du cargo ravitailleur.

Samedi 5 juin

Le *Dragon CRS-22* de SpaceX s'amarre à la station spatiale après un voyage de deux jours depuis la base de Cap Canaveral en Floride. L'opération est totalement automatisée et les astronautes n'ont pas besoin d'utiliser comme dans le passé le gigantesque bras robotisé pour capturer le vaisseau.

En revanche, Thomas et ses coéquipiers doivent tout décharger manuellement et dispatcher les trois tonnes de chargement qui viennent d'arriver. Même si chaque objet du plus petit jusqu'à l'immense panneau solaire n'est pas plus lourd qu'une plume, l'opération de rangement va prendre toute la journée et occuper la totalité des sept astronautes de l'ISS.

Pour l'occasion, la station spatiale accueille de nouveaux arrivants puisque 128 bébés calamars et 5 000 tardigrades, des petits acariens microscopiques surnommés les « oursons d'eau » ont eux aussi fait le long voyage spatial. La particularité de ces animaux est de posséder un système immunitaire comparable à celui des êtres humains. Après une série d'expériences, ils seront tous congelés jusqu'à leur retour sur Terre.

Mardi 8 juin

Il est encore question de monde aquatique dans le cliché que poste Thomas à l'occasion de la journée mondiale de l'océan. Un cliché de la Terre où le bleu des océans domine dans une lumière éclatante. Thomas évoque une bille bleue où 71 % de la surface est recouverte d'eau.

Ce même jour, il réalise l'expérience « *Fluidics* » conçue par le CNES. Il tient dans la main une sphère remplie de liquide. L'eau épouse toutes les parois dans toutes les directions grâce à l'apesanteur. Un moteur agite la sphère et provoque l'apparition de vagues.

Cette expérience a pour but de mieux comprendre les comportements des carburants des vaisseaux spatiaux en apesanteur mais aussi comment la houle et les vagues géantes (scélérates) se forment.

Jeudi 10 juin

Deux jours plus tard, il publie une photo de la Vallée du Rhône et il confie qu'après quelques semaines à bord de la station :

— Gastronomie et vins, les bonnes choses de la table me manquent un peu sans doute...

Mais pas le temps d'être nostalgique car le jour de sa première sortie extra-véhiculaire pour cette mission approche à grand pas. Ce sera le 16 juin 2021. Durant de longues heures Thomas et Shane, avec qui la sortie est prévue, se concentrent particulièrement sur leurs combinaisons en vérifiant chaque millimètre.

Malgré l'importance de cette tâche, il conclut comme souvent par un trait d'humour vantant les qualités de ces équipements « souples et solides à la fois » paraphrasant le célèbre sketch des Inconnus : « Les publicitaires »où la souplesse et la solidité se réfèrent à quelque chose de moins glamour… Du papier toilette !

Vendredi 11 juin

Décidément, Thomas prend la vie côté sourire en ce mois de juin puisque le lendemain il adresse un tweet amusé à la gendarmerie des Vosges avec ce commentaire :

— En passant devant mes collègues je me suis fait flasher, aucun doute que je dépasse parfois la limite autorisée.

Depuis un an, Thomas est abonné au compte de cette gendarmerie qui se distingue par un sens de l'humour aigu. C'est elle par exemple qui avait lancé une alerte enlèvement pour retrouver le soleil après des jours et des jours de pluie sur la région d'Épinal.

Tout naturellement elle répond donc à l'astronaute français du tac au tac :

— Mouais… Avec un décollage de SpaceX à 20 000 kilomètres heure, vous êtes vraiment sûr ? Vous avez de la chance que le Centre Spatial Kennedy ne soit pas dans les Vosges !

Dimanche 13 juin

Toujours en lien avec l'actualité de la France, Thomas publie une photo d'une petite balle jaune aux couleurs de Roland-Garros pour annoncer le début du tournoi international et adresse aussi un clin d'œil à son papa qui a longtemps été président bénévole du club de tennis d'Auffay.

Mercredi 16 juin

Les choses sérieuses reprennent. Thomas Pesquet et Shane Kimbrough doivent sortir dans l'espace pour installer de nouveaux panneaux solaires sur la station. Une mission qui est prévue en deux phases distinctes. D'abord ce 16 juin, ils doivent fixer, brancher et déployer le premier des deux panneaux solaires. Le deuxième sera installé quatre jours plus tard, le dimanche 20 avril. Mercredi, c'est donc le premier acte.

Les deux astronautes enclenchent la batterie interne de leur énorme combinaison blanche de presque 200 kilos. Il est 14 heures 11 en France. Ensuite ils se glissent dans le sas qui les conduit à l'extérieur de l'ISS. Une écoutille s'ouvre lentement et Thomas Pesquet sort le premier. Il porte des lignes rouges sur sa combinaison qui signifient que c'est lui le responsable de la mission. Shane Kimbrough le précède avec des lignes bleues sur son scaphandre.

Les deux hommes engagent alors leur mission mais au bout de trois heures et demie d'efforts dans l'espace, les ingénieurs de la NASA remarquent une anomalie dans la combinaison de Shane Kimbrough. Ils notent une interruption dans la transmission des données qui permettent de connaître en temps réel l'état de sa combinaison et ils détectent une augmentation de la pression du système de refroidissement.

L'astronaute américain n'a pas le choix ; il doit regagner le sas de décompression pour réinitialiser son scaphandre. Thomas n'a d'autre alternative que d'attendre son compagnon. C'est ce qu'il va faire pendant une heure, les pieds accrochés à un bras robotique. Tout rentre dans l'ordre pour Shane qui rejoint Thomas afin de finir la mission. Les deux astronautes déplacent ensemble le panneau solaire qui est replié comme un rouleau. Ils le placent à l'endroit exact où il doit être fixé mais nouveau contretemps : un problème d'alignement empêche son déploiement.

Ce sera pour plus tard car l'ordre est donné aux deux astronautes de regagner la station spatiale après 6 heures 30 intenses passées à 400 kilomètres au-dessus de nos têtes.

Le lendemain, Thomas débriefe cette troisième sortie extra-véhiculaire dans une carrière d'astronaute sur les ondes de France Inter :

— Ça ne s'est pas passé comme on l'avait préparé. On a dû sortir le plan b puis le plan c. Pour moi cette troisième sortie était un cran au-dessus des deux autres en termes de complexité. J'avais aussi un sentiment de risque en étant suspendu par les pieds accrochés à ce truc qui est haut comme deux frigos. J'ai vérifié dix fois que mes talons étaient bien engagés dans le système parce que c'est la seule chose qui nous lie au bras robotique. On a fini fatigués et on avait mal partout.

Dès qu'ils ont regagné la station spatiale, enfin débarrassés de leurs scaphandres, Thomas et Shane ont été accueillis par des boissons fraîches préparées par les astronautes restés à bord avant de se coucher beaucoup plus tôt que d'habitude pour récupérer de cette débauche d'énergie.

Thomas prend aussi le temps de participer à un « question réponse » avec des collégiens et des lycéens par radio. La qualité sonore n'est pas optimale mais on entend tout de même les réponses de l'astronaute pendant une dizaine de minutes notamment quand il explique que quand il s'est couché ce soir-là, il avait encore l'impression d'être dans l'espace et qu'il s'est accroché à ce qu'il trouvait autour de lui pour ne pas flotter. Une sensation qu'il n'avait jamais connue jusqu'à ce jour.

Jeudi 17 juin

Malgré tout, Thomas récupère et au matin, à nouveau frais et dispos, pas d'interview au programme mais de la... plomberie spatiale. Comme en 2016 lors de son premier séjour dans l'ISS où il avait dû réparer les toilettes tombées en panne, il doit, 5 ans plus tard, en installer de toutes nouvelles, conçues pour récupérer 98 % de l'eau évacuée. Huit heures de travail ont été nécessaires mais les toilettes fonctionnent. Sur son compte Instagram où il a posté une vidéo qui résume cette journée de travail en 45 secondes, ses abonnés le félicitent pour sa polyvalence et l'une de ses fans lui demande si éventuellement il peut s'arrêter chez elle pour réparer la chasse d'eau !

Plus sérieusement, un autre abonné souligne que ce genre de toilettes devrait être obligatoire dans tous les pays du monde.

Dimanche 20 juin

Thomas publie un message qui annonce son programme : « Encore une longue mais incroyable journée qui nous attend ».

Effectivement, après leur sortie mouvementée quatre jours plus tôt, les deux astronautes récidivent pour finir d'installer le deuxième panneau solaire à l'extérieur de la station spatiale. Ils sortent du sas avec un peu d'avance et cette fois accomplissent leur mission sans rencontrer de problèmes techniques, à l'exception tout de même d'un souci sur le scaphandre de Shane. Après trois heures d'efforts, la « casquette » du scaphandre de l'astronaute américain se détache partiellement. C'est la partie du scaphandre où sont fixées les lumières et la caméra. Thomas Pesquet raconte dans son journal de bord :

— Cet incident s'est déroulé au meilleur moment, car nous devions attendre d'être à l'ombre pour installer le panneau. J'ai donc pu bricoler une réparation rapide à la MacGyver !

Finalement, le duo parvient à déployer totalement le nouveau panneau solaire d'une longueur de 19 mètres. Ils commencent à installer le second mais le temps imparti dans l'espace se termine. Il faudra revenir une troisième fois !

On entend Thomas crier « Waouh » dans son casque et dans la salle de contrôle à Houston, c'est une salve d'applaudissements qui salue le travail des deux hommes qui entrent dans la station après 6 heures 28 passées dans l'espace. La vidéo du panneau solaire qui se déploie avec le bleu de la Terre en arrière-plan est tout simplement bluffante.

Lundi 21 juin

Le lendemain, changement radical d'ambiance à bord de la station spatiale. La fête de la musique succède à la journée « sortie dans le noir sidéral ».

Pour l'occasion, Thomas ressort de son étui le saxophone que lui avait envoyé Anne, sa compagne, lors de son premier séjour. Sans doute devait-il espérer en le laissant dans la station spatiale qu'il y reviendrait un jour… Pour l'occasion, il est accompagné au clavier par son collègue japonais Soichi Noguchi. Le piano électronique a été amené dans l'ISS en 2003 par l'astronaute américain Carl Walz, locataire de la station spatiale durant 196 jours. Il adorait en jouer tout comme son collègue Ed Lu, remarquable interprète de Beethoven à ses moments perdus. Il faut noter qu'Ed et Carl, contrairement à Soichi, avaient fixé le clavier contre un support pour ne pas jouer en flottant. Une situation qui n'a visiblement pas du tout gêné les deux musiciens du jour qui ont offert au public non seulement quelques notes de musique spatiale mais aussi deux grands sourires !

Mercredi 23 juin

Thomas s'installe devant l'écran géant pour assister au match de l'Euro de football entre la France et le Portugal. Moment de détente avant de se préparer pour une troisième sortie extra-véhiculaire prévue le 25 juin. Ce sera la cinquième fois pour l'astronaute français qui laisse ce commentaire sur Twitter juste avant de commencer sa mission :

— Peu importe le nombre de fois où l'on sort de la station spatiale, ça ne devient JAMAIS une routine !

Une routine certainement pas mais on devine sur les images de la NASA que les deux hommes se déplacent avec beaucoup plus de facilité à l'extérieur de la station que les deux fois précédentes.

Ils concluent avec succès l'opération de la mise en service des deux panneaux solaires en restant dans l'espace pendant 6 heures 45. Quatre autres panneaux devront être installés dans les prochains mois mais par une autre équipe que celle formée avec brio par Shane et Thomas, décidément inséparables « marcheurs de l'espace ». Le Français commente cette ultime sortie :

— Cette fois ça y est, on n'a même pas eu à improviser, ni à faire du bricolage, ni à rentrer dans le sas pour vérifier le scaphandre. C'était presque facile ! Mais on est épuisés !

Jeudi 24 juin

Une bonne nuit de repos accroché à son duvet vertical et Thomas est sur pied le lendemain matin pour se lancer dans la pâtisserie. Il publie une vidéo d'une crêpe chocolat fraise qui flotte dans le coin salle à manger des astronautes :

— Gastronomie spatiale ! Malheureusement pour mes coéquipiers mes talents culinaires ne sont pas à la hauteur de ma nationalité ! J'ai bien précisé à mes collègues que c'est exactement comme ça que les Bretons les faisaient !

Un internaute commente cette formule avec malice :

— Cet homme était Monsieur Parfait jusqu'à aujourd'hui mais on a trouvé sa kryptonite !

Pour les non-initiés, c'est une allusion à une pierre qui est le point faible de Superman.

Samedi 26 juin

Thomas Pesquet concrétise les efforts d'un groupe de collégiens de l'Orne en dialoguant avec eux par radio. Les jeunes ont installé une grande antenne près de l'école du Perche. Elle fait partie d'un petit groupe d'établissements scolaires qui vont pouvoir parler avec l'astronaute français durant tout son séjour dans l'espace. Les collégiens qui portent tous un sweat aux couleurs de la mission *Alpha* ont souvent répété les procédures et préparé des questions précises en n'oubliant pas de terminer chacune de leurs interventions par le mot *Over !*

Dix-huit élèves ont eu la chance de discuter avec lui durant une dizaine de minutes, soit le temps où la station spatiale était au-dessus de l'Europe. Petit extrait :

Abigaëlle

Bonjour, Thomas. Ici Abigaëlle, qu'aimez-vous le plus dans la station ? *Over.*

Thomas

Bonjour Abigaëlle. Tu sais, le fait de flotter en permanence et de voir la Terre d'en haut en permanence, c'est comme avoir de super pouvoirs ! *Over.*

Thomas termine le mois de juin 2021 avec une expérience scientifique mise au point par la NASA qui a pour nom *Plant Water Management.* Le but de l'agence spatiale américaine est d'arriver à trouver une solution pour que les équipages de longs voyages spatiaux puissent faire pousser leurs récoltes et les consommer. Une idée reprise dans de nombreux films de science-fiction, mais qui pour l'heure n'existe pas dans la réalité.

La technique est de ne pas utiliser de terre en apportant par d'autres moyens des sels minéraux et tous les éléments nécessaires à la croissance du végétal : on a recours au phénomène de capillarité qui fonctionne encore mieux en apesanteur que sur la Terre. En clair, la plante pousse directement dans l'eau. Lors des missions sur l'ISS en 2014 et 2016, des astronautes ont réussi à faire pousser des salades. Une fois de retour, elles ont été analysées pour savoir si on pouvait les consommer. Non seulement la réponse a été positive, mais en plus, leurs qualités nutritives étaient similaires à celles des mêmes salades cultivées dans des champs.

Mardi 6 juillet

Quand il ne jardine pas, Thomas pédale ! Ce 6 juillet 2021, il a l'idée de publier une photo des Alpes à l'occasion de la dixième étape du Tour de France entre Albertville et Valence. Il écrit :

— Hélas j'ai peur qu'Alberville ne soit restée timidement en dehors du cadre, mais j'aurai une pensée pour les coureurs du Tour quand je serai sur mon vélo !

Réponse immédiate d'un de ces abonnés, le champion français de biathlon Martin Fourcade, juste après la diffusion de ce cliché, une nouvelle fois magnifique :

— Je savais que je n'aurais pas dû me mettre nu pour bronzer sur ma terrasse.

Mercredi 14 juillet

La France est encore au cœur de sa publication, le jour de la fête nationale C'est une photo de toute la France métropolitaine quasiment sans aucun nuage.

« Joyeux 14 Juillet », écrit-il simplement en conclusion.

Samedi 17 juillet

Trois jours plus tard, il offre au public une nouvelle scène de la vie quotidienne des astronautes dans la station spatiale : la coupe de cheveux. On le voit s'occuper avec application de la tête de Mark Vande Hei et plus précisément des cheveux gris de l'astronaute américain. Dans l'espace, les cheveux ne poussent pas plus vite que sur la terre ferme (1 centimètre par mois à peu près). Pour la coupe, les astronautes utilisent une tondeuse reliée à un aspirateur pour éviter que les cheveux ne s'envolent et obstruent ainsi les grilles d'aération dans les modules.

Parfois, on peut aussi entendre le clic-clac d'une paire de ciseaux mais dans ce cas il faut que le coiffeur de l'espace soit assisté par un autre astronaute qui aspire immédiatement les cheveux coupés. Thomas n'a pas encore réalisé un tuto « coiffure dans l'espace » en revanche sa collègue italienne Samantha Cristoforetti, sélectionnée comme lui en 2009, a publié une vidéo lors de son séjour dans l'espace en 2015 pour expliquer comment ses deux collègues Terry Virts et Anton Shkaplerov lui ont réalisé une coupe mêlant justement tondeuse et ciseaux en gardant un certain volume. Son sourire radieux à la fin de l'exercice semblait signifier qu'elle n'avait pas du tout à se plaindre de ses coiffeurs extraterrestres. Thomas, lui, coupe les cheveux plus courts si on en croit sa photo finale de la coupe avec Mark. Notre astronaute est l'inventeur du nom du salon de coiffure de l'ISS, « Apesant'Hair ». Malheureusement, ce nom n'a pas été homologué par la NASA...

C'est l'occasion dans ce chapitre d'ouvrir une parenthèse sur l'hygiène personnelle des astronautes notamment la marche à suivre pour aller dans ces fameuses toilettes dont Thomas a parlé plusieurs fois dans les interviews de différents médias nationaux et étrangers. L'Agence spatiale canadienne n'a pas hésité à réaliser une page spéciale sur son site internet avec toutes les informations utiles au cas où nous aurions un jour à pousser la petite porte des toilettes de l'espace ...

Première étape : l'astronaute s'installe au-dessus de la cuvette et il se maintient en place grâce à des sangles de fixation. Pour l'urine, on branche le dispositif de collecte sur un long tube en plastique sur la paroi. Un courant d'air aspire le liquide dans un compartiment de récupération.

Pour les déchets solides, l'astronaute doit placer un sac adapté dans la cuvette. Ensuite il active un aspirateur et une série de ventilateurs qui purifient l'air ambiant. Il ne reste plus qu'à sceller le sac et à le jeter dans le compartiment de collecte placé sous la cuvette. Lorsque la cuve des déchets solides est pleine, elle est chargée dans un véhicule de ravitaillement non habité. Lorsque ce véhicule est plein à son tour de déchets multiples et variés, il quitte l'ISS et il se consume totalement lors de son retour sur terre.

Quant à l'urine, elle se mêle à d'autres eaux usées produites dans la station. L'ensemble est purifié et l'eau devient potable.

Pour se laver les dents, la plupart des astronautes utilisent un dentifrice comestible pour réduire leur consommation d'eau.

En 2017, lors de son premier séjour, Thomas avait expliqué se servir souvent de lingettes pour bébés et des petites serviettes humidifiées dans le distributeur d'eau.

Enfin nous avons vu que le rasage ne présente pas de difficultés particulières puisque les rasoirs électriques aspirent automatiquement les poils.

Malgré tous ces procédés, une envie revient souvent dans les propos des astronautes quelles que soient leurs nationalités. Dès qu'ils rentrent sur Terre, ils rêvent d'une longue douche chaude !

Dimanche 18 juillet

Thomas reprend son appareil photo pour un cliché de Cannes à l'occasion du festival de cinéma. Il en profite pour saluer ses amis de l'usine Thales Alenia Space où comme il le souligne il a fait ses « premiers pas professionnels » dans le quartier de la Bocca. Aujourd'hui il suit de près ce qui se passe dans les immenses hangars du site industriel qui se dressent à deux pas de la « Grande Bleue » ; c'est là que se construisent les premiers éléments de la station lunaire *Gateway* « qui sera en orbite autour de la Terre », explique-t-il.

Mercredi 21 juillet

Trois jours plus tard, Thomas et ses trois coéquipiers ont encore du pain sur la planche. Ils doivent « relocaliser » la capsule *Crew Dragon Endeavour.*

L'objectif est de libérer son port d'attache pour le laisser au prochain cargo *Starliner* qui doit s'amarrer à la station spatiale dans quelques jours.

Thomas, Shane, Megan et Akihiko doivent revêtir les combinaisons qu'ils portaient lorsqu' ils sont arrivés dans l'ISS le 5 juin. La NASA tient à ce que tout l'équipage soit à bord dans le cas d'un incident ou d'une défaillance durant la manœuvre qui aurait pour conséquence de quitter l'orbite et de rentrer sur Terre plus tôt que prévu.

Ils entrent donc tous les quatre dans le *Dragon* avec leurs tenues noire et blanche tout droit sorties d'un film de science-fiction des années 1950. L'occasion pour eux de tester si elles sont toujours ajustées après deux mois dans l'espace.

Visiblement tout va bien de ce côté-là et tous les quatre partent pour un court voyage automatisé de 45 minutes. La capsule parcourt 220 mètres avant de manœuvrer vers son nouveau point d'ancrage.

Une fois l'amarrage terminé, les écoutilles sont rouvertes et le quatuor retourne dans la station dès que toutes les vérifications de pressurisation sont effectuées. Mission accomplie.

Jeudi 22 juillet

Thomas donne une interview exclusive à France 24 et RFI dans laquelle il revient bien sûr sur cette manœuvre mais aussi sur son état de forme après les trois sorties extra-véhiculaires qu'il vient de réaliser quelques jours plus tôt :

— Je me souviens que lors de mes premières sorties dans l'espace, il y a quatre ans, j'avais un peu la sensation d'être dans un jeu vidéo mode débutant où tout semblait facile. Cette fois, l'environnement était exactement le même, mais en mode difficile. C'est une autre histoire ! Les chorégraphies avec le bras robotique étaient compliquées. C'était beaucoup plus vertigineux.

L'astronaute français évoque ensuite les coups de blues qu'il peut avoir durant ce deuxième séjour spatial. :

— Parfois on peut trouver le temps un peu long. Contrairement à ma première expérience, il y a peut-être moins le plaisir de la découverte, l'excitation de se dire : je suis dans l'espace et cela va être la seule fois de ma vie. Et puis c'est aussi un petit peu difficile d'être loin des miens, mais il faut être patient, heureusement on arrive à rester en contact régulier en visioconférence.

Thomas Pesquet reconnaît enfin ne pas tenir un de ces engagements qu'il s'était fixé à lui-même avant son départ :

— Moins communiquer ! Faire moins de photos et profiter plus du moment sans rien faire, juste regarder ! *(Rires.)* Non carrément pas ! Je n'y arrive pas. J'ai essayé mais j'ai toujours envie de prendre mon appareil photo et le week-end, quand la station passe au-dessus de tel ou tel endroit, c'est impossible que je ne mette pas mon nez à la fenêtre avec mon appareil. En plus, cette année, j'essaie d'innover en collant ensemble plein de photos à haute résolution et de réaliser une immense photo dans laquelle on pourrait zoomer à l'infini. J'avoue que j'ai échoué lamentablement dans ma tentative de me relaxer dans l'espace *(rires)*.

Samedi 24 juillet

C'est un jour de fête pour les sept membres d'équipage de l'ISS qui marquent à leur façon le début des Jeux olympiques de Tokyo. L'équipe *Soyouz* est opposée à l'équipe *Dragon !*

C'est Mark qui est le grand organisateur des épreuves que détaille Thomas dans son journal de bord : « flottaison synchronisée, gymnastique hors-sol, saut en (grande) longueur, handball sans les mains… ».

Pour cette grande occasion, le plafond du LAB est entièrement décoré des drapeaux de tous les pays du monde. Pendant que l'esprit olympique règne dans l'ISS, les ingénieurs de la base spatiale de Baïkonour au Kazakhstan ont des sueurs froides devant leurs écrans de contrôle. Quelques jours plus tôt, le 21 juillet, ils ont lancé dans l'espace leur module *Nauka*. L'enjeu est de taille puisque cela fait 10 ans que la station spatiale n'a pas accueilli de nouvelle structure.

Nauka est attendu depuis… 2007 ! Un incroyable retard de 14 ans dû aux innombrables difficultés et problèmes techniques rencontrés par les ingénieurs russes pour assembler cette imposante structure de 22 tonnes qui est longue de 13 mètres pour un diamètre de 4,3 mètres. Sa construction a débuté dans les années 1990.

Comme pour prolonger l'histoire agitée de ce module depuis sa création, son voyage dans l'espace à destination de l'ISS n'a pas été de tout repos avec des problèmes de propulsion. Heureusement, les ingénieurs russes ont de la ressource et ils ont trouvé les solutions techniques pour que le vaisseau inhabité s'amarre enfin à la station spatiale une semaine après son décollage.

Pour la communauté européenne, c'est aussi un grand moment car *Nauka* transporte un bras robotique qui a été conçu par vingt-deux entreprises de sept pays différents, dont la France, bien sûr. Baptisé « *ERA* » (European Robotic Armou bras télémanipulateur européen) il a une envergure une fois déployé de 11,3 mètres. Comme le bras *Canadarm*, il se pilote depuis l'intérieur de la station, mais aussi – et c'est une grande première – depuis l'extérieur. Un astronaute en sortie extra-véhiculaire pourra donc prendre la main pour réaliser des manœuvres en autonomie.

Une fois installé, le module *Nauka* (« science » en russe) va offrir un espace supplémentaire non négligeable aux occupants de l'ISS avec 70 m^3 dont une cuisine et des toilettes. *Nauka* remplace un autre module russe « *Pirs* » qui avait été lancé en 2001.

Jeudi 29 juillet

La phase d'amarrage se passe sans anicroche mais 3 heures après, comme le relate le magazine *Ciel & Espace*, les propulseurs du module se rallument sans prévenir.

Piotr Doubrov et Oleg Novitski, qui avaient les mains sur la trappe d'ouverture pour entrer dans le module, annulent immédiatement la procédure. L'incident va durer de 18 heures 42 à 19 heures 29, soit le temps pour le carburant contenu dans les réservoirs de s'épuiser en intégralité.

Sous la poussée imprévue des propulseurs, toute la station spatiale s'est déplacée en pivotant de 45° par rapport à sa position normale. Les contrôleurs de vol de la NASA ont expliqué que l'équipage de l'ISS n'avait jamais été en danger et « qu'ils n'avaient même pas senti la station bouger », pour reprendre l'expression du manager en chef du programme ISS à la NASA. Il a d'ailleurs cité un extrait de conversation entre la Terre et l'espace à la fin de l'incident :

Houston

Hey, la station spatiale a-t-elle tremblé ?

ISS

Non ! Nous n'avons rien remarqué d'anormal.

Malgré tout, les contrôleurs du vol ont tout de même demandé à l'équipage de s'assurer que cet incident n'avait causé aucun dégât à l'extérieur de la station et qu'il n'y avait pas de débris flottants. Une opération minutieuse, comme toujours, qui a mobilisé toute la journée du lendemain l'ensemble de l'équipage. Le briefing final a laissé apparaître que la structure de l'ISS n'avait été en rien endommagée mais, avec ce contretemps, le décollage de la capsule *Starliner* a été décalé au 3 août 2021 dans un premier temps, puis à une date ultérieure après la découverte de problèmes dans son système de propulsion.

De son côté, Thomas Pesquet n'a pas communiqué sur ses réseaux sociaux au sujet de cet incident rarissime préférant publier plusieurs clichés d'abord de l'aéroport de Saint-Louis dans le Missouri, puis du Rhône de Lyon jusqu'à la Méditerranée avec ce commentaire :

— La France n'est pas désagréable à regarder depuis l'espace et j'explique à mes collègues qu'un fleuve tel que celui-ci traverse sur seulement quelques centaines de kilomètres des régions très différentes...Vivement les vacances, mais pour moi c'est...l'année prochaine.

Quelques jours plus tard, l'ancien module *Pirs,* remplacé non sans mal par le module *Nauka,* se détache comme prévu cette fois de l'ISS, accroché à un cargo *Progress* et plonge vers la Terre. Thomas et l'équipage observent les deux vaisseaux qui s'éloignent inéluctablement avant de prendre feu et de se désintégrer totalement en entrant dans l'atmosphère.

Lundi 2 août

Les jours se suivent dans l'ISS au rythme des expériences scientifiques que Thomas continue de décrire inlassablement auprès du public qui le suit sur les réseaux sociaux. En ce mois d'août 2021, il comptabilise plus de deux millions de followers sur Instagram !

Ce jour-là il publie un cliché de son collègue japonais Akihiko Hoshide qui procède à une échographie de sa cuisse dans le cadre de l'expérience « *Vascular Echo* ». Thomas – qui a lui aussi participé à cette expérience en 2017 – explique qu'elle permet de mieux comprendre l'adaptation des vaisseaux sanguins et des artères dans l'impesanteur. L'objectif scientifique est double, comme toujours dans la station spatiale : préparer les futures missions de longues durées mais aussi faire avancer la recherche sur Terre.

Mardi 3 août

Le lendemain, Thomas apparaît avec un casque de réalité augmentée sur le visage. Il inspecte le tapis de course sans avoir recours aux consignes du centre de contrôle à Houston. Là encore, il s'agit de mener une expérience sur l'autonomie des astronautes. Pour la toute première fois, Thomas Pesquet évoque directement une expédition sur Mars en expliquant que la voix d'un astronaute mettrait 20 minutes à parvenir sur Terre depuis la planète rouge. Est-ce un message subliminal ? Pas le temps de s'appesantir sur le sujet car dès le 4 août, Thomas et l'équipage de l'ISS doivent aménager la cabine « CASA ».

Mercredi 4 août

La cabine CASA est une chambre qui se situe au plafond du laboratoire européen et qui va offrir un peu plus d'espace libre aux astronautes.

Pour Thomas, la Cupola reste toutefois le poste d'observation aux sept hublots de l'ISS où il aime se poser de longues minutes pour contempler la Terre et prendre ses célèbres photos consultées chaque jour par des millions d'hommes et de femmes qui les découvrent sur leur smartphone, leur tablette ou leur ordinateur.

Le talent de Thomas dans cet exercice n'est pas seulement graphique. Certes, ses clichés sont toujours d'une beauté saisissante mais ils ne racontent pas toujours la même histoire. Il alterne ainsi la légèreté d'un coucher de soleil avec la gravité des incendies géants ou des ouragans visibles à 400 kilomètres d'altitude. Si les prises de vues de ces phénomènes ont elles aussi une valeur artistique certaine, elles ont aussi une vertu pédagogique en montrant les menaces qui pèsent sur la Terre. Au fil de ses albums photos, il témoigne de la fragilité de notre planète sans pour autant se positionner en donneur de leçons. Depuis 2016, il a été nommé par l'Unicef, ambassadeur pour le changement climatique et l'accès à l'eau potable. Interrogé par le *National Geographic* quelques semaines après son retour sur Terre en 2017, il avait clairement explicité sa démarche :

— Mes images montrent la pollution des rivières qui charrient trop d'alluvions ou des déchets, la fonte des glaciers ou des zones de conflits. J'ai eu envie que les gens qui me suivent prennent conscience qu'au-delà de la beauté de la vue il y a parfois des conséquences tragiques. Quelque part, c'est presque un travail journalistique que j'ai voulu réaliser.

Régulièrement, au-delà du militantisme que l'on peut ressentir dans ses photoreportages, il aime aussi distiller dès qu'il le peut des images qui illustrent sa vie personnelle avec pudeur, l'air de rien !

En ce mois d'août 2021 par exemple, il publie une photo de la ville de Rome avec ce commentaire :

— J'ai déjà photographié la ville éternelle à de nombreuses reprises. Elle est particulièrement chère à mon cœur. À force, les contours du stade olympique, de l'immense place Saint-Pierre ou encore de la gare de Termini, de part et d'autres du Tibre sont devenus des repères très familiers.

Un message « codé » directement destiné à Anne, sa compagne qui vit dans la capitale italienne depuis 2012.

Ingénieure en agronomie, elle travaille au sein de l'Organisation des Nations Unies pour l'alimentation et l'agriculture où elle a en charge le dossier de l'élevage durable et son développement à l'échelle planétaire. Thomas a souvent eu l'occasion de marcher avec elle jusqu'à son bureau situé à deux pas du Colisée et du Cirque Maximus en plein cœur de la cité millénaire.

Malgré sa quasi parfaite connaissance de ce centre-ville – qu'il a arpenté à de multiples reprises – Thomas a surpris ses followers 5 ans auparavant en confondant lors de son premier séjour spatial Rome avec Lyon ! Le 8 décembre 2016 il publie une photo avec cette légende « bonne fête des Lumières, Lyon ! » La photo est mauvaise mais la ville brillait trop dans la nuit ! Quelques heures plus tard, il s'aperçoit de son erreur et présente ses excuses sur son compte Twitter :

— On peut être astronaute et nul en géo apparemment ! Oui, j'ai mélangé les cartes, désolé les gones !

Anne, de son côté, a découvert en se baladant dans un quartier de Rome un tag coloré qu'elle a tout de suite dédicacé à son compagnon en publiant la photo sur son compte Instagram. Il est signé de l'artiste romain Giuliano Starz, féru d'espace et de civilisation extraterrestre ! Il a peint sur le mur en tôle d'un garage un cosmonaute en combinaison blanche sur un fond noir parsemé d'étoiles brillantes. Il semble voler en dessous de ce qui ressemble à la station spatiale. Sous les pieds de l'astronaute, on distingue la terre et sous sa main un ballon de basket orange et noir comme s'il dribblait dans l'espace. La légende de cette peinture urbaine écrite en lettres rouges et en anglais fait forcément penser à l'histoire de Thomas et Anne : « Missinyoucrazy » (Tu me manques à la folie).

Malgré l'extrême discrétion qui enveloppe le couple, les internautes se sont de plus en plus passionnés pour cette histoire d'amour singulière où l'amoureuse regarde vers le ciel pour voir passer son cher et tendre dans un vaisseau spatial qui clignote !

Anne Mottet a vu au fil des mois grimper son nombre de *followers* sur son compte Instagram. Ils sont aujourd'hui plus de 28 000 à suivre ses photos et les légendes qui les accompagnent. Le 22 juillet 2021, alors qu'elle était en vacances en Sardaigne, elle a ainsi publié une jolie photo depuis le village côtier de la Maddalena, où l'on voit la lune briller dans la nuit au-dessus du petit port de plaisance. Le commentaire est écrit comme un clin d'œil lancé à son compagnon :

— L'ISS est passée au-dessus de la Maddalena, ça tombe bien, on y était !

Anne et Thomas semblent partager le même goût de l'humour et du second degré. Quelques jours après l'arrivée de son compagnon dans la station spatiale, elle a publié une photo d'une réplique en carton grandeur nature de Thomas en combinaison spatiale les bras croisés, sourire aux lèvres et n'a pas hésité à poser cette mince silhouette de papier sur le lit avec cette légende :

— De retour à la maison avec Flat Thomas, (Thomas Le Plat). Bonne nuit à la station spatiale.

Le message a été « liké » 30 000 fois en quelques heures !

Quelques semaines plus tard, Anne publie une nouvelle photo depuis Santorin où elle continue ses vacances. Cette fois, c'est un t-shirt où la Terre est dessinée sur la gauche et la Lune sur la droite. Un fil relie les deux sphères et un personnage marche sur ce fil traînant derrière lui une valise.

Elle écrit cette courte légende : « T-shirt prémonitoire ? »

Là encore, les commentaires des internautes ne se font pas attendre :

— Bonjour Anne, ce T-shirt vaut tous les discours. Courage les amoureux, tenez bon !

Ou encore ce message émouvant :

— Je remercie tellement Thomas de nous envoyer de super photos. Je suis une maman qui patiente depuis 2 ans pour retrouver mes enfants au Québec donc je comprends votre patience pour retrouver votre héros.

Dimanche 8 août

Pendant ce temps, à 400 kilomètres d'altitude, Thomas continue inlassablement de tourner autour de la Terre et de s'émerveiller comme au premier jour de ses splendeurs. Il publie au début du mois d'août plusieurs clichés d'aurores boréales d'une beauté à couper le souffle. Il avoue ne jamais en avoir vues « d'aussi puissantes avec une lueur verte, qui se reflète carrément sur la station. »

Autres couleurs à l'honneur, celles des drapeaux japonais et français. Thomas publie une courte vidéo où il se met en scène avec son collègue Akihiko Hoshide pour marquer avec un peu d'avance la fin des Jeux olympiques de Tokyo et le passage de relais pour ceux de Paris 2024. Les deux astronautes se serrent la main puis tendent ensemble le drapeau et les anneaux olympiques avant de s'envoler en le laissant flotter dans le laboratoire de l'ISS. Visiblement, la scène a été répétée car les deux acteurs du jour sont parfaitement synchronisés dans leurs prestations.

Pour éviter toute lassitude de ses *followers*, il continue d'alterner sujets graves et légers avec une déconcertante facilité. Un jour, il publie une photo de Perros-Guirec en Bretagne avec d'éclatantes teintes bleues marines et turquoise. Le lendemain un cliché d'une manipulation de bactéries buccales dans le cadre de l'expérience américaine « *Oral Biofilm* ». On le voit le visage souriant plonger ses mains dans « une boîte à gants » qui sert de mini laboratoire de manipulation.

Mardi 10 août

Thomas fixe dans l'objectif de son appareil photo une gigantesque colonne de fumée qui s'élève dans le ciel de la Grèce. Des incendies ravagent la région du Péloponnèse.

L'occasion pour l'astronaute français d'évoquer à nouveau les dangers immédiats dus au réchauffement climatique :

— Il est acté qu'on ne peut plus continuer à vivre sur cette planète comme on l'a fait jusqu'ici. Nous avons tous notre rôle à jouer mais il faut aussi des mesures fortes avec une vision à long terme, prises par des décideurs. Rendez-vous à la prochaine conférence sur le climat en novembre à Glasgow ?

Le même jour, il publie une autre photo singulière prise dans le LAB de la station spatiale. Il s'agit d'un étrange appareil métallique qui ressemble à un fusil dont le canon serait pris dans un boîtier. Thomas explique qu'il réalise l'expérience « *Bric-24* ». Il étudie des membranes de cresson microscopiques sur lesquelles on injecte de l'eau en appuyant sur la détente de son étrange appareil.

— Cette plante, souligne-t-il, est la plante préférée des biologistes pour leurs recherches sur la réaction des végétaux en apesanteur. C'est grâce à elle qu'on pourra améliorer des pratiques agricoles sur Terre et faire pousser la nourriture qu'il faut aux astronautes pour de longues missions…

Pour finir en beauté cette riche journée, il règne une animation inhabituelle sur la petite île de Wallops sur la côte est des États-Unis. C'est ici, dans ce petit territoire de l'État de Virginie qui s'étend sur 2 500 hectares, que va avoir lieu le décollage du cargo ravitailleur *Cygnus NG-16* en fin d'après-midi. Les conditions météos sont bonnes sur le pas de tir situé à quelques encablures de l'océan Atlantique. Les caméras des chaînes américaines s'y attardent quelques secondes, observant les rouleaux réguliers qui viennent mordre les longues plages désertes de la côte. Ici pas de parasols, ni de surfeurs, l'île est uniquement la propriété de la NASA qui y effectue des lancements depuis 1960.

Le cargo pèse 8 tonnes au décollage et il porte le nom de d'Ellison Onizuka, astronaute américain d'origine japonaise tué dans l'explosion de la navette *Challenger* en 1986.

Il transporte presque 4 tonnes de vivres et de matériel. Dans la soute se trouve un invité de marque que Thomas Pesquet attend avec beaucoup d'impatience. Il s'appelle « Blobi Wan Kenobi » en hommage à un des héros iconiques de la saga *Star Wars*. Un patronyme relativement « remixé » avec humour pour un blob, cet organisme unicellulaire, qui fera l'objet de nombreuses expériences dans le laboratoire de l'ISS mais aussi, nous l'avons vu, à terre dans 5 000 écoles où 300 000 élèves feront eux aussi des observations.

Jeudi 12 août

Le décollage de la fusée s'est déroulé sans difficultés et 48 heures plus tard, le cargo est en vue de la station spatiale.

Le 12 août 2021, comme prévu, le cargo s'arrime à la station spatiale. Il est « capturé » par le long bras robotique *Canadarm 2* piloté par l'astronaute américaine Megan McArthur. Thomas Pesquet explique que l'opération a été rapide et qu'il était le copilote de sa consœur pendant toute la durée de la procédure :

— Cela m'a rappelé mes années de pilote de ligne. Dans le cockpit, un des pilotes tient le manche pour faire voler l'avion et l'autre surveille les systèmes... La capture a eu lieu lorsque nous survolions l'Atlantique, au sud-ouest de Lisbonne. Le *Cygnus* est le plus lourd cargo ayant jamais ravitaillé la station spatiale et il va rester amarré 3 mois… maintenant il ne nous reste plus qu'à tout débarquer ! Allez, au boulot !

Au milieu des 3 700 tonnes de fret avec notamment une grande partie d'appareils scientifiques sophistiqués, les sept astronautes de la station spatiale vont avoir le plaisir de décharger aussi des produits « frais » notamment des pommes, des tomates et des kiwis mais aussi des pepperonis pour pouvoir préparer une pizza !

Cette tradition remonte à 2001 comme le raconte le site de l'agence de presse américaine *Associated Press*. Le cosmonaute russe Iouri Oussatchiov s'est filmé dans la station pendant qu'il mangeait une pizza au salami.

Il n'a pas vraiment eu le choix car cette scène était le résultat d'un accord commercial passé entre l'Agence spatiale russe et une célèbre chaîne américaine de livraison de pizzas pour un montant dépassant un million de dollars. Ironie de l'histoire, les astronautes américains qui étaient présents cette année-là dans la station ont été privés de cette denrée devenue rare et dont le parfum flottait dans l'air car contractuellement et contrairement aux Russes... ils n'ont pas le droit de faire de la publicité dans l'espace !

En 2017, l'astronaute italien Paolo Nespoli a cette fois « cuisiné » plusieurs pizzas avec l'ensemble de l'équipage, garanti sans placement de produit. Il a publié une vidéo de ces pizzas volant comme des ovnis dans la Station spatiale avant d'être englouties par les astronautes.

Dimanche 15 août

Le 15 août, il n'est plus question pour Thomas Pesquet de pizza party qui publie bien plus volontiers un magnifique cliché de sa Normandie natale avec le mont Saint-Michel au centre de l'image.

Mardi 17 août

Deux jours plus tard, Thomas revient pour la première fois sur l'arrimage « mouvementé » du nouveau module russe MLM qui a eu lieu une semaine plus tôt. Tout de noir vêtu, il poste une vidéo dans laquelle il commente d'abord sobrement ce qui aurait pu être un incident grave :

— C'est l'espace, tout ne se passe pas toujours comme prévu. Mais on a des procédures pour faire face et un entraînement. Tout le monde était prêt.

Après cette courte introduction rassurante, il propose une véritable visite guidée de ce module en « nageant » vers l'arrière de l'ISS. Il commence par le sas ouvert quelques jours plus tôt par l'équipage et note qu'il sent encore le brûlé ou la crème solaire à cause de la longue exposition à la chaleur du soleil. Il se déplace en flottant dans le couloir central au milieu des équipements scientifiques qui n'ont pas été entièrement déchargés par les cosmonautes russes. Il continue sa descente et s'arrête un instant près des toilettes toutes neuves qui viennent elles aussi d'arriver :

— Ce sont nos troisièmes toilettes à bord de la station. C'est peut-être un détail mais c'est hyper important avec l'augmentation des équipages. On est passé de trois à six, puis à sept et peut-être bientôt encore plus de membres d'équipages et il faut donc trouver des solutions.

Juste à côté, il indique l'emplacement de la future station de pilotage du bras robotique européen. Il termine la visite en arrivant dans un sas situé tout en bas de cette nouvelle structure. De forme ronde, il permettra d'arrimer dans le futur d'autres modules.

Il termine la visite par un souriant « merci de l'avoir suivie » et il complète cette publication, quelques heures plus tard, avec une photo de Venise.

Cette fois, pas de message subliminal caché pour sa compagne Anne dans la légende. Il tire d'abord son chapeau à ceux qui ont posé il y a plusieurs siècles les milliers de pieux en aulne qui servent toujours de fondation à la cité lacustre, mais il revient aussi sur une actualité plus récente qui remonte au début de l'été. La municipalité de Venise a décidé d'interdire l'entrée des paquebots sur la lagune.

— Venise fait face aujourd'hui à un immense défi outre ceux apportés par le changement climatique : les mouvements d'eau dus au passage des bateaux de croisière. Espérons que ce soit efficace pour préserver ce site.

Mercredi 18 août

Le lendemain, loin du romantisme vénitien, Thomas Pesquet se retrousse les manches en publiant quelques photos du fret que l'équipage va devoir décharger de la soute du cargo *Cygnus*. Sur un cliché on devine nettement l'imposant chargement dans des paquets blancs de toutes les tailles attachés par des sangles noires. « Voilà à quoi ça ressemble, 3 tonnes de fret attendant d'être déballé ! ».

Au beau milieu de ce chargement spatial, une petite boîte est tout particulièrement destinée à l'astronaute français. Elle contient cinq graines d'œillets d'Inde « double nain » qui proviennent de la petite entreprise familiale de semences Caillard, basée à Avignon. Ces graines ont été choisies par des étudiants de Nantes et de Toulouse pour leur grande facilité d'adaptation et de résistance parmi 600 variétés de l'entreprise du Vaucluse, bien connue des amoureux du jardinage en France. Ces cinq graines sont au cœur de l'expérience *Eklosion* qui se situe entre la science et la poésie et que nous avons évoquée précédemment.

Thomas Pesquet n'aura pas à semer les graines puisqu'elles sont déjà plantées dans une capsule mais il devra les arroser et surveiller leur croissance dans son labo de l' ISS.

Les concepteurs de cette expérience ont eu l'idée de joindre à cette capsule une niche contenant des cartons imprégnés de parfums végétaux de menthe, d'anis, de violette ou de pin, notamment pour stimuler son odorat et lui rappeler les douces senteurs des potagers terriens.

L'astronaute français pourra aussi se régaler du parfum de pain d'épices du Quercy de la Maison Darnis à Bétaille dans le Lot ou de ceux du pain de Gênes et des madeleines vanille chocolat de la célèbre pâtisserie Pillon de Toulouse, dans le cadre d'une autre expérience baptisée « *Edible Foam* » (Mousse Comestible). De nombreux mois et une grande quantité de tests ont été nécessaires pour que les équipes de pâtissiers épaulés par les spécialistes du Centre national d'études spatiales mettent au point ces mousses comestibles qui remplacent les emballages traditionnels.

En clair, elles servent à recouvrir et à caler les produits de ravitaillement et sont comestibles. L'idée est née dans l'esprit de Thomas Pesquet au lendemain de son premier retour sur Terre pour limiter au maximum l'utilisation des emballages à bord de la station spatiale. Sur le site du CNES, Rémi Canton, chef de projet de la mission *Alpha* explique cette démarche totalement novatrice :

— Nous utilisons actuellement des mousses fabriquées à partir de dérivés de pétrole. Elles sont grises et inutiles à bord de la station. Au départ, nous avons donc testé une protection entièrement consommable mais elle manquait de rigidité face aux vibrations d'un lancement. On a donc amélioré cette mousse blanche et orange. Le blanc correspond à un bio plastique 100 % recyclable et l'orange se mange.

Mais Thomas Pesquet n'aura pas le loisir de déguster ces gourmandises sucrées car auparavant elles feront l'objet de plusieurs études scientifiques et les tests gustatifs seront réalisés dans un futur proche par de nouveaux astronautes à bord de la station spatiale.

Thomas Pesquet n'est pas le seul « cultivateur spatial » à bord de l'ISS, son collègue américain Shane Kimbrough a lui aussi la main verte. La NASA lui a demandé de réaliser l'expérience *APH* (*Advanced*

Plant Habitat ou habitat végétal avancé). Elle consiste à faire pousser quarante-huit graines de piments Hatch. Cette variété n'a pas été choisie par hasard par les têtes pensantes de l'Agence spatiale américaine. Le piment « Hatch » qui tient son nom d'un village dans une vallée du Nouveau-Mexique est un des piments les plus connus des États-Unis. Il entre dans la composition des burritos, crêpes de blé farcies de viande hachée et de l'incontournable Chili Con Carne à base de haricots rouges. Le Hatch est riche en vitamines et il présente l'avantage de pouvoir stimuler le goût et l'odorat des astronautes qui sont altérés par la vie sans pesanteur.

Les chercheurs se demandent si le piment, qui n'est pas le plus fort de sa catégorie, va justement voir son piquant exacerbé en poussant dans l'espace. Hélas, comme Thomas Pesquet et ses mousses comestibles, Shane Kimbrough ne pourra pas déguster ses piments lorsqu'ils seront mûrs car il sera revenu sur terre. L'astronaute américain est d'ailleurs un habitué de ce genre d'expérience puisque lors de son premier séjour dans l'espace en 2015 il avait fait pousser avec succès une laitue romaine. Son collègue Scott Kelly avait de son côté fait éclore la première fleur comestible dans l'espace en 2016. Il s'agissait d'une zinnia dont les fins pétales dorés s'étaient ouverts dans le laboratoire de l'ISS.

Le prochain objectif des chercheurs qui travaillent logiquement dans la perspective des voyages spatiaux de longue durée est de parvenir à faire pousser des tomates naines lors des missions suivantes. Les « jardiniers de l'espace » comme Shane et Thomas participent donc activement à cette quête de l'autonomie alimentaire qui sera quasi indispensable pour aller un jour sur Mars.

En attendant, comme le souligne Thomas Pesquet dans la légende de sa photo où l'on voit les gants bleus de Shane au-dessus des plans de piments, « un peu de verdure, ça fait du bien à tout le monde ! ».

Samedi 21 août

Pour démarrer son week-end, le Français quitte le monde du jardinage pour celui de la musculation. Il réalise l'expérience *Cardinal Muscle*.

L'objectif est d'étudier comment le tissu musculaire artificiel se forme dans l'espace. Pour cela, les astronautes vont servir de cobayes en testant des médicaments thérapeutiques à base de cellules musculaires cultivées en microgravité. Leur but est de diminuer la perte de masse musculaire qui s'accélère lorsque les corps des astronautes séjournent dans l'espace.

À l'image d'un Thomas concentré qui manipule avec précaution ces médicaments, succède quelques heures plus tard une belle photographie d'une ville normande qu'il connaît bien :

— J'avais déjà photographié Dieppe en 2017, mais quand on aime on ne compte pas. J'y ai passé une bonne partie de mon adolescence, des années qu'on n'oublie pas... et heureusement que les photos ne peuvent pas parler, j'avais des idées que je regrette maintenant sur les coupes de cheveux ! écrit-il avec humour.

Les réactions de ses *followers* ne se sont pas fait attendre sur les réseaux sociaux et exigent de voir eux aussi ces photos pour pouvoir donner leurs avis. L'un d'eux veut rassurer l'astronaute français :

— Nous sommes nombreux à avoir expérimenté des tests avec nos cheveux. Bon week-end et merci beaucoup pour vos merveilleuses images et votre disponibilité.

« Disponible » est un des qualificatifs les plus évidents que l'on puisse associer à Thomas Pesquet. Pas un jour ne passe sans qu'il ne donne des nouvelles. Ou n'en prenne, même s'il s'agit de catastrophes.

Ainsi juste après celle de sa Normandie natale, il publie une image saisissante d'une gigantesque colonne de fumée provoquée par les incendies qui ravagent la Grèce avec ce commentaire :

— ...Grèce, Canada, Californie, ne sont pas les seules zones touchées. Le Var et le Maghreb ont payé un lourd tribut, et mes pensées les plus sincères sont aujourd'hui avec les personnes sinistrées, leurs proches et avec ceux qui luttent pour maîtriser ces feux destructeurs.

Le temps de faire quelques photos et la station spatiale a déjà parcouru plusieurs milliers de kilomètres.

Thomas se concentre sur la suite du déchargement du cargo ravitailleur et un de ses coéquipiers le prend en photo lorsqu'il découvre au hasard d'une glacière, un produit gourmand indispensable sur les tables françaises et même dans une station spatiale : du fromage !

Sur la photographie, il tient dans sa main droite un beau morceau de gruyère sous-vide et il ouvre la bouche comme s'il allait le gober en écrivant :

— Il ne faut pas grand-chose pour rendre un Français heureux... merci aux équipes de la NASA qui prennent soin de nous, c'est le genre de petites attentions qui regonflent le moral de l'équipage et nous donnent envie de travailler encore plus dur !

Un internaute abonné à son compte Instagram lui envoie aussitôt ce message teinté d'humour :

— Il est où le bon pain de campagne encore tiède ? Il manque peut-être un four à pain dans la station ?

Ce clin d'œil gastronomique permet de voir le chemin parcouru dans le domaine de l'alimentation depuis le tout premier vol dans l'espace de Youri Gagarine en avril 1961. On sait que le cosmonaute russe s'est régalé durant son vol orbital d'un tube façon dentifrice contenant un mélange bœuf et pâte de foie. On était très loin à l'époque de s'imaginer que les plus grands chefs étoilés proposeraient des années plus tard d'envoyer dans l'espace des plats dignes des tables des plus grands restaurants dans les vaisseaux spatiaux.

Les pionniers de la conquête spatiale étaient aussi loin d'imaginer que les astronautes se transformeraient en cobayes durant leurs missions. C'est le cas de Thomas bien sûr qui, à l'instar de son premier séjour spatial, doit à nouveau effectuer des prises de sang sur…Thomas.

Il s'agit de réaliser l'expérience *Functional Immune*.

Les analyses récoltées doivent permettre aux chercheurs de déceler le moindre changement du système immunitaire.

L'objectif final est d'identifier toute variation observable avant les premiers symptômes aussi bien sur Terre que dans l'espace pour pouvoir anticiper et traiter plus efficacement de nombreuses maladies, comme l'explique l'astronaute français le 28 août 2021. Il joint à cette information une photo où on le voit se prélever du sang. Il a même la délicatesse de cacher l'aiguille avec sa main pour les âmes les plus sensibles.

Lundi 30 Août 2021

C'est jour de fête dans la station. Thomas Pesquet publie une photo de la ville d'Honolulu à Hawaï. C'est la ville natale de Megan McArthur, sa collègue américaine qui a 50 ans aujourd'hui. Avec le tact et l'élégance qui le caractérise, Thomas n'a pas l'outrecuidance de donner l'âge de son amie, mais il annonce simplement son anniversaire et le menu du jour : quesadillas, salami, cookies décorés. Sur la photo, Megan arbore un t-shirt vert et comme d'habitude ses longs cheveux s'éparpillent dans tous les sens comme si un vent violent soufflait subitement dans la station spatiale.

13

Thomas face aux critiques

Quand on jouit comme Thomas Pesquet d'une popularité inédite pour un astronaute, on se doute qu'il existe aussi nécessairement une contrepartie négative. Les Jedi de *Star Wars* appellent cela le côté obscur de la Force !

Le premier à avoir sonné la charge contre lui est un professeur au laboratoire d'astrophysique de Marseille.

Olivier Mousis ne mâche pas ses mots dans une tribune du *Journal du Dimanche :*

— Il a passé son temps à photographier la Terre alors qu'il aurait pu braquer son appareil vers l'autre direction, en plus lui qui est ingénieur n'a pas vraiment fait de recherches là-haut, enfin aucune n'était exceptionnelle.

Quelques jours plus tard, nouveau coup de semonce porté cette fois contre Thomas Pesquet par un écrivain spécialisé dans la vulgarisation scientifique spatiale et collaborateur régulier du magazine *Science et Vie*.

Serge Brunier confie au magazine *Marianne* en juin 2017 les propos suivants :

— Le discours de Thomas Pesquet est vide. Ce qu'il a accompli dans l'espace n'a absolument rien de révolutionnaire, il s'agissait simplement d'observer comment l'espace dégrade le corps humain. Sa mission est identique à toutes celles menées depuis une trentaine d'années... Cent cinquante personnes sont déjà montées dans l'ISS et toutes ont pris des photos de la Terre ! L'adoration pour ce garçon me fascine.

La diatribe la plus violente prononcée contre Thomas Pesquet est celle de l'ancien astronaute Patrick Baudry. Lors d'une interview donnée à BFMTV le vendredi 23 avril 2021, il ne retient pas ses coups :

— Lors du premier vol il a fait beaucoup de com, c'est vrai c'était très bien fait pour les gamins et tout mais enfin tout le monde a compris qu'il n'avait pas fait grand-chose sur le plan scientifique…

Et celui qui se targue d'avoir fait la couverture des magazines bien avant lui conclut par ces mots :

— Thomas est tellement lisse qu'on se demande s'il est français.

Une violence verbale qui vaut à son auteur un rappel à l'ordre justifié du présentateur de l'émission télévisée.

Aux critiques acerbes de certains scientifiques il faut aussi ajouter l'intervention d'hommes politiques comme le 2 janvier 2020. Ce jour-là Thomas Pesquet est auditionné à Paris par la commission des Affaires étrangères aux côtés notamment du général Michel Friedling en charge des opérations spatiales au sein de l'armée de l'air.

Jean-Luc Mélenchon, chef de file du Parti la France insoumise interroge Thomas Pesquet sur le problème des déchets dans l'espace.

— D'abord je voudrais préciser un terme de vocabulaire, répond Thomas Pesquet. Je préfère débris spatiaux que déchets spatiaux parce que déchets, on a vraiment l'impression qu'on jette nos poubelles et ce n'est pas le cas. Moi je veux remettre l'Église au milieu du village sur ce thème de la pollution. Tout le monde a dans la tête l'image de la Terre entourée d'un nuage de points blancs. On a l'impression qu'il existe un nuage de débris et qu'il faut slalomer autour pour s'en sortir comme dans *Star Wars,* mais ce n'est pas du tout le cas. Les débris font la taille d'une pièce de deux euros et sont souvent séparés les uns des autres par des centaines de kilomètres. Je ne veux pas dire que c'est bien, au contraire, il faut s'en préoccuper, mais la question c'est comment ? La France est en pointe dans le domaine spatial donc c'est à nous de montrer l'exemple en ayant une attitude vertueuse à notre niveau, mais nous ne pourrons rien faire sans l'appui de la communauté internationale.

Cette réponse donnée dans un cadre officiel est à ce jour la seule émise par Thomas Pesquet à un de ces contradicteurs.

Pour le reste, il n'a jamais souhaité répondre aux attaques dont il est parfois victime.

C'est sans doute pour cela que les polémiques autour de lui n'ont jamais pris une véritable ampleur. Il faut noter tout de même les réactions de solidarité immédiates de ses *followers* notamment après les mots violents de Patrick Baudry à son encontre.

En avril 2018, il s'est tout de même expliqué sur un tweet pour démentir formellement la rumeur qui annonçait qu'il aurait pour objectif de se lancer dans une carrière politique :

— Des rumeurs me prêtent des aspirations politiques aujourd'hui incompatibles avec mon métier à L'ESA. Je reste concentré sur mes objectifs : retourner dans l'espace et promouvoir la science, l'éducation, l'Europe, la protection de l'environnement en tant que citoyen.

La force de Thomas Pesquet est de finalement de faire coïncider sa vie avec ce qu'il montre de lui sur les réseaux sociaux : un homme ordinaire capable de se plonger dans des situations extraordinaires. Un citoyen concerné par les grands problèmes de son temps et en même temps gourmand des petites choses légères de la vie de tous les jours. Ces photos ne racontent pas autre chose. Il garde chevillé au corps l'irrépressible besoin de n'exclure personne dans son aventure pourtant si personnelle. Partout où il se trouve il aime expliquer, transmettre, et par la force des choses il peut aussi, quoi qu'en pensent ses détracteurs, embarquer avec lui, dans sa passion de la découverte spatiale, des millions d'hommes, de femmes et d'enfants.

Il y a 4 % des Français qui suivent régulièrement son compte Twitter, souligne *L'Express* dans une enquête publiée au mois de juin 2021. Le magazine d'information a interrogé un sociologue des sciences, Arnaud Saint-Martin sur ce qu'il pense du « phénomène » Thomas Pesquet :

— Les astronautes ont toujours fonctionné comme ambassadeurs des agences spatiales qui ont besoin d'incarnation. Les messages de Thomas Pesquet sont sympas, jamais dans le conflit mais pas complètement consensuels.

Il faut aussi noter que les autres membres de la promotion 2009 des astronautes européens jouissent aussi à diverses mesures d'une grande popularité dans leur pays respectif. C'est le cas notamment de l'Italien Luca Parmitano et de l'Anglais Timothy Peake.

Ils sont toutefois largement derrière Thomas Pesquet en matière de renommée mondiale.

Une étude de la plateforme d'analyses de la visibilité en ligne semrush, relayée par le quotidien *La Provence* au mois d'avril 2021 indique qu'avec 64 050 recherches en moyenne par mois sur Google, il devance Albert Einstein (59 013 recherches) et le légendaire Neil Armstrong, premier homme à avoir marché sur la Lune (33 733 recherches).

On voit mal aujourd'hui comment cet engouement pourrait s'inverser quand on imagine d'ores et déjà la future participation tous azimuts de Thomas Pesquet au débriefing de son deuxième séjour spatial. Visites d'écoles, conférences, reportages télévisés, émissions de radio... Une omniprésence qui pourrait énerver certains mais ravir dans le même temps ceux qui le suivent depuis ses débuts. Car n'oublions pas que son incroyable aventure a débuté en 2009 et qu'il s'est construit peu à peu son image en restant toujours au plus près de son public de fidèles. Beaucoup voient en lui une sorte de Capitain Kirk même si la série *Star Trek* est loin d'être la préférée de l'astronaute normand.

Il pourrait être cet intrépide voyageur de l'espace qui un jour plantera le drapeau français sur la Lune ou pourquoi pas sur Mars ! Là réside encore un aspect de sa personnalité que ses détracteurs n'ont peut-être pas mesuré. Thomas Pesquet est peut-être le bon copain qui fait rêver par ses photos incroyables, mais il est aussi celui qui pourrait être un des rares hommes de la planète à pouvoir quitter la Terre pour sans se retourner simplement pour remplir sa mission, ce pour quoi il est né et a tant travaillé toute sa vie.

Simple et hors norme. Visiblement, il semble avoir apprivoisé cette dualité, apanage des astronautes, mais dont nous n'avions pas conscience avant lui, avant qu'il ne l'expose à la face du monde.

Chaque nation a sa légende spatiale. Youri Gagarine reste LE héros absolu élevé au rang de mythe en Russie. Chaque année, le 12 avril, jour du vol orbital historique de 108 minutes en 1961, les écoliers lui rendent hommage. Outre son exploit, l'histoire retiendra aussi de lui ses mots prononcés juste avant le décollage « C'est parti ! »

Neil Armstrong est LA légende. L'Américain mort en 2012 restera à tout jamais celui qui a marché le premier sur la Lune. Il est l'auteur de cette phrase mythique le 20 juillet 1969 « Un petit pas pour l'Homme, un bond de géant pour l'humanité ». Quelques années avant sa mort, son coiffeur a vendu une mèche de ses cheveux 3 000 dollars ! Après les obsèques, sa famille a eu cette jolie réflexion :

— Si vous voulez rendre hommage à Neil, regardez la Lune et faites-lui un clin d'œil !

Buzz Aldrin ou le « Robinson Crusoé » de l'espace. Lui qui a emboîté le pas à Neil Armstrong sur la Lune, évoquant « sa magnifique désolation » a connu un retour sur Terre compliqué, totalement seul. Divorce, dépression, alcool... il a peu à peu redressé la barre et repris goût à la vie. En 2002, il n'a pas hésité à coller une droite à un homme qui l'avait traité de lâche et de menteur en remettant en cause la véracité des voyages sur la Lune. Son livre *Une magnifique désolation* permet de revivre son extraordinaire aventure.

14

Vers l'infini et au-delà

Et maintenant, que vais-je faire ? Chantait Gilbert Bécaud en 1961. Cette année-là, le président américain John Fitzgerald Kennedy lançait le programme *Apollo* avec la promesse que des hommes marcheraient sur la Lune.

Promesse tenue le 20 juillet 1969. Neil Armstrong laissait les empreintes de ses bottes d'astronaute sur le sol lunaire.

Et maintenant que vais-je faire ? se demande certainement Thomas Pesquet en regardant vers le ciel. L'astre lunaire le fait rêver depuis longtemps et il ne s'en cache pas.

Il l'a encore affirmé lors d'une interview sur la radio RTL le 1er avril 2021 sans s'enflammer, fidèle à son image d'homme posé et pragmatique :

— Oui, je rêve de la Lune parce ce que serait l'étape suivante, ce serait logique.

Ses deux longs séjours dans l'espace rythmés par de longues heures passées à travailler à l'extérieur de la station spatiale internationale l'ont aguerri pour se préparer à d'autres aventures encore plus intenses.

La (re)conquête de la Lune occupe aujourd'hui les esprits de tous les astronautes, et Thomas Pesquet est forcément dans les starting-blocks. La NASA a officiellement lancé son programme *Artemis,* dont l'objectif est de faire voyager des femmes et des hommes vers la Lune d'ici 2024. Une échéance qui pourrait être retardée faute de financements suffisants mais l'agence spatiale américaine continue d'avancer dans ses recherches.

Depuis 10 ans, 20 milliards de dollars ont été investis pour mettre au point le SLS (*Space Launch System*) le lanceur lourd qui sera utilisé pour la mission *Artemis 1*. Le 17 janvier 2021, le premier test de ce lanceur dont la puissance bat tous les records a échoué. L'essai d'allumage des moteurs qui devait durer 8 minutes n'a duré que 60 secondes. Les causes de cet échec ont été analysées et 2 mois plus tard, le 19 mars 2021, toujours sur la base de Stennis dans le Mississippi. Les quatre énormes moteurs de la fusée de 65 mètres de haut se sont mis en marche en pleine puissance durant huit minutes et 19 secondes soit le temps prévu pour un décollage. Plus de 2,6 millions de litres de carburant ont été nécessaires à l'opération. Le 27 avril, le lanceur a été acheminé en Floride sur une barge au Space Kennedy Center.

La prochaine étape, sauf imprévu toujours à craindre dans le domaine de l'industrie spatiale, sera le lancement d'*Artemis 1* au mois de novembre 2021. Thomas Pesquet ne sera pas à bord contrairement à Arturo Campos. C'est le nom d'un ingénieur qui a été donné au mannequin qui sera installé dans la cabine Orion en route pour la Lune. Ce nom a été choisi dans le cadre du « Moonikin Challenge », le « challenge mannequin lunaire » (un savoureux jeu de mots entre *moonikin* et *mannequin*, car *Moon* signifie « Lune »), lancé par la NASA et qui a recueilli plus de 300 000 propositions de noms. Arturo Campos était un ingénieur électricien américano-mexicain de la NASA qui a mis au point le « plan B » permettant de sauver l'équipage d'*Apollo 13* après la rupture d'un réservoir en 1970 juste avant un alunissage.

Le mannequin installé au poste de pilotage portera la même combinaison orange que celle des futurs astronautes lunaires en chair et en os qui lui succéderont dans un futur plus ou moins proche. Son rôle sera de fournir aux responsables de la mission de précieuses informations grâce aux innombrables capteurs qui seront connectés sur sa structure.

Il ne sera pas seul dans ce vol puisque deux mannequins féminins occuperont les sièges passagers. « Zohar » et « Helga » ont été choisies respectivement par l'Agence spatiale israélienne et l'Agence spatiale allemande. Elles seront embarquées avec 5 600 capteurs. Zohar portera un filet de protection alors qu'Helga sera à la merci des radiations.

Reste maintenant à attendre l'officialisation de ce décollage qui sera une étape cruciale pour un futur voyage habité sur la Lune et la construction d'une base lunaire. Lors d'une conférence en visio le 1er juin 2021, Thomas Pesquet a d'ailleurs abordé ce thème en parlant du régolite qui pourrait servir à la construction de cette base. Le régolite est une poussière lunaire composée de particules qui ressemblent à des fragments de verre. L'idée des futurs « maçons de l'espace » est de fabriquer sur place du béton avec à un mélange de régolite trouvé sur place et... d'urine des astronautes. Des tests sont en cours pour éprouver la solidité de ce béton avec un matériau qui offre les mêmes caractéristiques que le régolite de notre bon vieux satellite.

Le Centre national d'études spatiales essaie aussi de trouver une solution pour fabriquer des briques sur la Lune en faisant fondre à 1 000°C cette poussière grâce à des miroirs solaires.

Thomas Pesquet suit sans doute, avec une attention toute particulière, ces expérimentations qui donnent un parfum de réalité à ce voyage qui semble de moins en moins virtuel et hypothétique. Il a eu la chance de rencontrer lors de sa formation à la NASA, l'homme qui accompagnait Neil Amstrong dans la capsule *Apollo 11* le 21 juillet 1969. Il a marché sur la Lune juste après lui :

— Buzz Aldrin m'a expliqué qu'il fallait être patient quand on est astronaute.

Au-delà de l'admiration qu'éprouve le Français pour cet homme hors du commun, âgé aujourd'hui de 91 ans, il avoue aussi être ému par le troisième homme de ce trio, Michael Collins. Il est mort le 28 avril 2021 pendant que Thomas Pesquet était dans l'ISS et il lui a rendu hommage en expliquant que c'était celui qu'il préférait au sein du trio. Il n'a pas marché sur la Lune car il était cantonné au pilotage de la capsule :

— Il a accompli sa mission avec un immense professionnalisme sans se poser de questions.

En 2009, l'année où Thomas a rejoint la grande famille des astronautes, Michael Collins est revenu sur cet événement lors d'une rencontre à la NASA :

— Je sais que je passerais pour un menteur ou un imbécile si je disais que j'avais le meilleur des trois sièges d'Apollo, mais je peux dire avec calme et sincérité que je suis totalement satisfait de celui que j'ai eu !

Dans une interview donnée au magazine *Paris Match* en février 2019, Thomas Pesquet revient sur le parcours de cet astronaute qui exerçait son métier avec une philosophie qu'il partage, lui aussi :

— Un jour, il a réchappé de justesse à un terrible crash. Il n'a rien dit à personne et il est tranquillement retourné à son bureau pour rédiger son rapport d'accident. J'apprécie cette forme de détachement. Celui-ci me semble nécessaire pour exercer ce métier où il ne faut céder ni à l'inquiétude ni aux émotions et savoir conserver un léger recul par rapport au monde extérieur. Après son retour de la Lune, il choisit de renouer avec une vie simple de professeur d'université en s'efforçant d'échapper aux médias. Cette part de normalité, je pense l'avoir aussi. Dans le fond, il ne comprenait pas pourquoi il suscitait un tel engouement, lui qui n'avait fait que son boulot.

Un autre astronaute américain situé aux antipodes de Collins suscite aussi l'intérêt de Thomas Pesquet. Il s'agit d'Alan Shepard.

Il s'est rendu célèbre pour avoir improvisé une partie de golf durant son exploration lors d'une sortie sur le sol lunaire. Le 6 février 1971, il n'a pas hésité comme il s'y était engagé avant son départ avec des collègues de la NASA à taper dans deux balles avec un manche télescopique d'un collecteur d'échantillons. Il avait même poussé l'expérience jusqu'à l'équiper d'une véritable tête de fer !

Sa première balle s'est envolée sur une vingtaine de mètres, quant à la seconde, plus aucune trace après avoir tapé dedans. Il a affirmé qu'elle avait parcouru plusieurs dizaines de kilomètres. Cette légende est restée vivace jusqu'à ce qu'un scientifique américain retrouve la trace de la petite balle blanche comme l'a révélé le magazine *SciencePost* en février 2021.

C'est un spécialiste américain de l'imagerie, Andy Saunders, qui a réussi à reconstituer au millimètre près la trajectoire de cette fameuse balle en visionnant à de multiples reprises les vidéos tournées à l'époque par Edgar Mitchell, le deuxième astronaute qui accompagnait Shepard sur la Lune. Finalement, la balle a parcouru une distance de 36 mètres. Malheureusement (ou heureusement !) Le premier golfeur de l'espace ne connaîtra jamais ce verdict scientifique car il est mort en 1998.

Interrogé par un journaliste sur le sport qu'il aimerait lui aussi pratiquer s'il marchait un jour sur la Lune, Thomas Pesquet a répondu en souriant qu'il se laisserait bien tenter par un panier de basket avec un « dunk » comme son idole Michael Jordan, légende vivante de la NBA.

Il est vrai qu'avec une pesanteur six fois moins élevée que sur la Terre, pas de souci pour prendre son élan et venir smasher dans le cercle orange !

D'ailleurs cette pesanteur « favorable » a inspiré l'association des golfeurs américains professionnels à publier sur son compte Twitter un calcul scientifique qui laisse songeur : si un golfeur frappe une balle à 290 kilomètres heure sur le sol lunaire avec un angle propre de 45°, sa balle peut parcourir une distance totale de 4,2 kilomètres !

Le golf sera-t-il au cœur des préoccupations des concepteurs de la future base lunaire ? Avec un record absolu à la clé ? Là, rien n'est moins sûr !

En tous les cas, le projet d'une base permanente sur la Lune n'a rien d'un pari entre astronautes. En mars 2016, Jan Wörner, le directeur général de l'Agence spatiale européenne l'a clairement exprimé lors d'une conférence de presse :

— Cette base sera une station ouverte pour différents États participants, des pays des quatre coins du monde.

Mais avant la naissance de ce « village sur la Lune » pour reprendre l'expression de Jan Wörner, il reste encore de nombreux défis technologiques à relever et forcément un prochain alunissage humain en est un des plus attendus.

Thomas Pesquet succédera-t-il à Andrew Cernan et à Harrison Schmitt, les deux derniers hommes ayant foulé le sol lunaire le 14 décembre 1972 ? La question est posée et pour la majorité des Français, la réponse positive ne fait aucun doute.

La compétition s'annonce serrée et à ce jour personne ne peut affirmer que le Normand aura le privilège de contempler notre planète bleue depuis le sol gris et rocailleux de de son satellite naturel.

Une chose est sûre, ses deux séjours dans la station spatiale internationale, ponctués de plusieurs sorties extra-véhiculaires parfaitement maîtrisées malgré des aléas techniques, peuvent plaider en sa faveur et lui accorder encore plus de crédit sur la ligne de départ.

Le futur jury qui aura la charge de sélectionner l'équipage ne peut pas ignorer l'impact de l'astronaute français auprès du grand public, même si la majorité de ses supporters se situent dans l'Hexagone.

Lors de la dernière campagne de recrutement « d'apprentis astronautes » organisée par l'Agence spatiale européenne du 31 mars au 18 juin 2021, la France est arrivée en tête du nombre de candidats en lice dans les vingt-deux États européens avec 7 137 candidatures : 5 408 hommes, 1 662 femmes et 57 personnes en situation de handicap.

Au total plus de 22 000 demandes ont été déposées, en 2009, l'Agence spatiale européenne en avait comptabilisé 8 413. Une explosion des vocations à laquelle Thomas Pesquet n'est sans doute pas étranger et dont il s'est félicité lors d'une interview à bord de la station spatiale durant son deuxième séjour dans les étoiles :

— Si je peux à travers mon exemple montrer que rien n'est impossible et qu'il faut simplement tenter sa chance, mon bonheur sera complet.

Comme pour consolider un peu plus la candidature de Thomas Pesquet, la position offensive de la France dans le domaine de la conquête spatiale en matière de technologie de pointe est aussi à prendre en considération. En avril 2020, lors du Congrès international d'astronautique organisé à Washington, le groupe français Thales Alenia Space et l'Agence spatiale européenne ont officialisé le projet de construire deux modules qui seront utilisés dans la future station lunaire. Un contrat de 622 millions d'euros. Les fiches techniques de ces deux cylindres spatiaux ont été communiquées :

« I-HAB », *International Habitat* :
Poids : entre 8 et 10 tonnes ;
Longueur : 7 mètres ;
Diamètre : 4,5 mètres.

« ESPRIT », *European System Providing Refueling Infrastructure and Telecommunications (Système européen d'infrastructure de ravitaillement et de télécommunications) :*

Poids : 4 tonnes ;
Longueur 3,91 mètres ;
Diamètre : 4 mètres.

Quelques semaines avant son départ pour la mission *Alpha*, l'astronaute français avait commenté le positionnement au premier plan de la France dans le domaine de la conquête spatiale lors d'une conférence de presse sur le site de l'Agence spatiale européenne :

— Je suis ravi que l'Europe soit engagée sur une trajectoire directe vers la Lune et très heureux que la France capitalise son expertise et construise des équipements d'importance cruciale.

L'occasion pour lui de se rappeler au bon souvenir des décideurs, mine de rien, en poursuivant son propos avec cette formule explicite :

— Étant donné que l'Agence a obtenu trois places pour des astronautes européens à bord de vols à destination de la station *Gateway*, j'espère, dans un avenir pas si lointain être l'un de ces trois astronautes et avoir l'opportunité de travailler à bord du module *ESPRIT* et d'utiliser ses équipements.

Si ce n'est pas une candidature spontanée associée à une lettre de motivation en bonne et due forme… Pour le CV, il est tranquille, tout le monde le connaît…

Reste maintenant à savoir quand ce voyage vers la Lune sera officiellement annoncé. Le calendrier du programme Artemis est toujours calculé sur un départ prévu en 2024 avec un duo d'astronautes femme/homme. Les nouvelles combinaisons spatiales qui serviront à ce voyage ont été dévoilées en 2019 par la NASA. Le bleu et le rouge, les couleurs du drapeau américain y sont largement représentés. Les ingénieurs de la NASA les ont conçues pour qu'elles soient beaucoup plus souples et donc faciles à utiliser par les astronautes. Elles devraient également disposer d'un temps d'autonomie accru qui permettra aux explorateurs de rester jusqu'à 9 heures hors de leur véhicule.

Ensuite, ce sera le retour dans la station lunaire *Gateway*. Un vaisseau spatial de 40 tonnes qui évoluera sur une orbite elliptique autour de la Lune. Sa capacité d'accueil ne pourra pas dépasser quatre astronautes en même temps.

Le 17 mai 2021, la NASA a publié sur son compte Twitter une vidéo qui détaille en moins de trois minutes le scénario de cette future exploration lunaire en cinq actes :

Décollage dans la fusée *Space Launch System* de la capsule *Orion Rocket* avec ses quatre passagers depuis le centre spatial JFK en Floride.

La capsule *Orion* s'amarre à la station *Gateway* en orbite autour de la Lune.

La fusée *Starship* de SpaceX se décroche de la station *Gateway* et se pose avec deux astronautes à son bord sur le sol lunaire.

Le duo reste une semaine sur la Lune pour une grande exploration.

Départ de la Lune pour la station *Gateway* avec la fusée *Starship*.

Reste maintenant à savoir si ce scénario sera appliqué dans les délais prévus. On sait que le planning de l'exploration spatiale est loin d'être une science exacte depuis ses premiers balbutiements au milieu du vingtième siècle. Une chose est sûre, la liste des candidats à ce voyage lunaire sera longue et la sélection finale probablement cornélienne pour le jury qui devra statuer.

Mais aussi beau et palpitant que puisse être ce voyage programmé sur la Lune, il reste une destination mythique qui à ce jour ne figure dans aucun calendrier ni programme officiel. Une lointaine planète, située à 225 millions de kilomètres de distance de la Terre. Une planète au sol rouge et dont le nom évoque mystère, aventure et science-fiction : Mars !

Pour se plonger dans l'ambiance martienne, Thomas Pesquet a participé à un tournage d'un documentaire en 2016 sur l'île de Lanzarote, une des sept îles qui composent l'archipel des Canaries. Le relief de cette île volcanique présente la particularité de ressembler étrangement à celui de la planète Mars avec en prime une couleur de sol similaire à celui de la lointaine planète. L'Agence spatiale européenne a établi un camp d'entraînement d'astronautes depuis 2016 au cœur du parc géologique de l'île qui est classé au patrimoine mondial de l'Unesco. Ce *géoparc* offre non seulement des caractéristiques communes avec Mars mais aussi avec la Lune. L'Agence spatiale européenne a signé un accord de partenariat avec les autorités espagnoles pour pouvoir continuer d'envoyer ses candidats aux voyages spatiaux jusqu'en 2022 dans ce qu'elle nomme le « Pangaea training course ». Un décor idéal pour simuler des expéditions. Durant les années 1970, la NASA avait envoyé quatorze astronautes des missions *Apollo* s'entraîner dans un cratère d'un volcan éteint depuis des millénaires en Bavière. Plus de 50 ans plus tard, l'Espagne offre donc désormais un terrain idéal aux équipes scientifiques qui se succèdent pour préparer les expéditions spatiales du futur.

Lors du tournage de ce remarquable documentaire diffusé sur la chaîne Arte, Thomas Pesquet est aux côtés de Charles Frankel. Ce géologue franco-américain est un des plus éminents spécialistes mondiaux de la planète Mars. Il est consultant pour la NASA et un des piliers de l'association *Mars Society* qui regroupe un grand nombre de scientifiques qui consacrent une grande partie de leur temps à imaginer un voyage vers Mars. Charles Frankel explique les difficultés techniques qu'il faudra surmonter pour qu'un vaisseau puisse se poser sur la planète rouge :

— On arrive entre 5 et 6 kilomètres par seconde dans l'atmosphère martienne avec un véhicule très lourd. Pour le moment, on a réussi à poser une tonne sur Mars. On sait faire avec un parachute, un airbag... mais un module piloté pèse 30 tonnes. Il faudra un bouclier thermique de 25 mètres de diamètre. Il faut aussi ajouter un parachute qui continue de freiner le vaisseau car il arrive à 2 000 kilomètres heure. Donc ce parachute devra être aussi grand qu'un terrain de football lorsqu'il s'ouvrira ! Mais ce n'est pas fini car le vaisseau aura alors une vitesse de descente proche de 300 kilomètres heure. Donc, pour vraiment se poser sur Mars il faudra terminer l'opération par l'utilisation de rétrofusées de très grandes puissances. Tout ça doit être parfaitement agencé parce que si vous avez un seul problème, vous êtes mort !

Face à ces défis technologiques d'une ampleur rarement égalée, on comprend pourquoi un vol habité vers Mars n'est pas prévu avant l'horizon 2035/2040. Thomas Pesquet aura alors une soixantaine d'années. Dans le quotidien *Le Parisien* l'astronaute français confiait qu'il se verrait bien en « homme d'expérience pour commander une expédition vers la planète rouge » :

— Je serai à la fin de ma carrière d'astronaute mais ce n'est pas impossible pour moi. Oui j'aimerais en être !

Les projections scientifiques fixent aujourd'hui la durée du voyage vers Mars, située 200 fois plus loin que la Lune de la Terre, à 6 mois au minimum (contre 3 jours seulement pour la Lune) et 15 mois pour le voyage retour. Entre les deux, l'équipage devra rester au moins un mois sur la planète rouge.

Lors de son premier séjour dans l'espace, Thomas Pesquet établit un premier lien avec Mars en emmenant dans ses bagages un petit caillou en provenance directe de la planète rouge. Il s'agit d'un fragment d'une météorite baptisée « Sayh Al Uhaymir 008 » qui a été découvert dans le désert d'Oman en 1999 comme l'explique l'astrophysicien Sylvestre Maurice :

— Un jour sur Mars il y a eu un impact qui a éjecté de la matière. Une partie est retombée sur le sol martien mais une autre partie a quitté la planète grâce à la vitesse de libération, la vitesse minimale que doit atteindre un projectile pour échapper à une force gravitationnelle. Après avoir longtemps dérivé dans l'espace, le caillou est arrivé sur Terre, il y a peut-être deux cents ans, on ne sait pas trop.

Ce qui est sûr, c'est que ce caillou a fait l'objet de nombreuses analyses et le verdict est tombé officiellement : il s'agit bien d'un caillou en provenance de Mars.

Le Centre national d'études spatiales de Toulouse décide alors de le confier à Thomas Pesquet peu avant son départ pour l'ISS lors d'une cérémonie officielle. L'astronaute français l'emporte dans son paquetage personnel qui ne dépasse pas 1 à 5 kilos et la petite pierre dorée de 5 grammes qui tient dans le creux d'une main va peu à peu devenir un des symboles de la mission. Thomas la fera flotter à plusieurs reprises devant lui dans des vidéos et des photos.

Après six mois passés en orbite, Thomas a ramené le caillou sur Terre pour le remettre au CNES. L'aventure de cette pierre martienne ne s'est pourtant pas arrêtée là. De retour à Toulouse, elle a été découpée en plusieurs morceaux. Un morceau a été placé soigneusement derrière une vitrine de la Cité de l'espace où les visiteurs peuvent découvrir en détail son histoire. Un deuxième morceau a pris la direction de... Mars ! Il a été embarqué dans le rover *Persévérance* de la NASA qui s'est posé sur le sol de la planète rouge le 18 février 2021.

Pour Thomas Pesquet, il ne reste plus qu'à se procurer les coordonnées du rover martien pour récupérer sa petite pierre lorsqu'il se posera à son tour sur la planète rouge si bien sûr une telle expédition est organisée dans un futur proche.

On le voit, le conditionnel est toujours d'actualité quand on évoque cet incroyable projet martien. Mais Thomas Pesquet est bien décidé à continuer de tracer sa route pour s'envoler vers son rêve ultime même si ce voyage durera une éternité :

— Quand on ira sur Mars, l'élément Motivation sera incroyable... imaginez... on va vers Mars ! C'est plus fort que tout ce qui a été fait dans l'Histoire de l'Humanité.

Jules Verne, lorsqu'il écrivait son cultissime roman d'anticipation *De la Terre à la Lune* n'imaginait sans doute pas en faisant prononcer cette phrase à l'un de ces héros explorateur, « rien ne saurait étonner un Américain », qu'un jour, un Français comme lui, un certain Thomas Pesquet né en Normandie provoquerait l'étonnement et le respect absolu des Américains mais aussi des Terriens de tous les continents.

— N'essayez pas de devenir un homme qui a du succès. Essayez de devenir un homme qui a de la valeur, lançait lors d'une conférence le génial astrophysicien Stephen Hawking.

Une maxime que semble appliquer à la lettre l'astronaute français dans sa vie professionnelle.

On peut enfin citer cette formule de Constantin Tsiolkovski, scientifique russe qui le premier a minutieusement codifié les étapes qui permettraient un jour le voyage des hommes dans l'espace à bord de vaisseaux, en décrivant même les effets de l'apesanteur ! C'était en 1896 et ses mots pourraient eux aussi sans conteste être prononcés un jour sur son compte Instagram par Thomas Pesquet, qui sait…

« La Terre est le berceau de l'humanité.
Mais l'humanité ne peut pas rester
dans le berceau éternellement ».

★

Achevé d'imprimer en septembre 2021
sur les presses de la Nouvelle Imprimerie Laballery
58500 Clamecy
Numéro d'impression : 109571

Imprimé en France

La Nouvelle Imprimerie Laballery est titulaire de la marque Imprim'Vert®